マイクラで楽しく理数系センスを身につける!

MINECRAFT
マインクラフト 公式ドリル

さんすう
[かず・ずけい・くうかん]

ステップ1
6-7才におすすめ

小 学 館

はじめに

保護者の方へ

この本の使い方

ようこそ、マインクラフトの数の世界へ!
本書では、マインクラフトのすばらしい世界を冒険しながら、
算数の力を向上させることができます。
この算数ドリル[ステップ1]は、6〜7才のお子さま推奨となっています。
主人公のマックスとエリーと一緒に、さまざまなものをつくったり、
宝探しに出かけたりしながら数の世界の冒険を楽しんでください。
冒険を進めながら問題を解くと、エメラルド を入手できます。
手に入れたエメラルドは、
最後のページで好きなアイテムと交換することができますので、
ぜひがんばってください!
少し難しい問題にはハート がついていますので、
必要に応じてお子さまのサポートをしてあげてください。
答えは巻末をご覧ください。

※本書は、イギリスの原書をもとにした翻訳本です。イギリスの算数のカリキュラムに基づいていますので日本の6〜7才のカリキュラムでは習わない範囲の問題が出てくる場合がありますが、その際は適宜お子さまのサポートをお願いします。どうしても難しい問題の場合には、飛ばして先に進んでいただいて問題ございません。

主人公の紹介

大きなものから小さなものまで、マックスはどんなものでも自分でつくってしまいます。建物を建てたり、道具をつくったり、つねに何かしているため、いつもお腹がペコペコです。そんなマックスはケーキが大好物。好きな色は緑です。この冒険で、エメラルド をたくさん見つけましょう。

もうひとりの主人公、エリーは洞窟を探検して鉱石を見つけるのが大好き。いつもツルハシを持ち歩いています。キラキラと輝く鉄鉱石を見つけると、ついつい洞窟に入ってしまいます。そんなエリーの好きな色は金…… もちろん金鉱石の色です! 動物とのんびり過ごすのも大好きです。

もくじ

MINECRAFT

かず　なんばんめ？

ぼうけんの　はじまり

へいげん（のはら）には　草が　たくさん　生えています。たいらなので、いえを　たてるのに　ぴったりです。ニワトリが　コケコッコーとないています。

あちこちに　木が　生えていて、その下に　ヒツジ、ブタ、ウシたちが　います。花のミツを　すにはこぶ　ミツバチの　すがたも　見えます。ハチミツを　つくろうと　しているんですね。

はっけんが　いっぱい

へいげんに　山は　あまり　ありません。サケが　たくさん　およいでいる川が　あります。川のそばでは、サトウキビが　すくすくと　そだっています。

へいげんには　ぼうけんの　やくに立つものが　いっぱい。さあ　いっしょに　さがしましょう。

よるは　きけん

よるの　へいげんは　きけんが　いっぱい。くらくなると、いろいろなモンスターが　出てきます。ゾンビはゆっくりとあるき、クモは　木に　のぼります。スケルトンは　とおくから　ゆみやを　うってきます。一番　こわいのが　クリーパー。ちかづくと　ばくはつします！

はじめの　一歩

マックスは　へいげんに　やってきました。なにも　もってないし、すむいえも　ありません。まわりを見ると、もう１人のぼうけんしゃが　いました。エリーです！　２人は　力をあわせて　おうちを　たてて、どうぐや　やさいを　つくります。まずは　いえを　たてる　ばしょを　きめましょう。

かずと　かぞえかた

マックスは　へいげんを　たんけんしています。
木のいえを　たてるのに　ぴったりな　ばしょが　ありました。

1

マックスは　木をきって
木ざい（木のブロック）をつくります。
右の　えが　木ざいです。
木ざいは　いくつ　あるかな?

□ こ

木ざい

マックスは　いえのまわりに　お花を　うえることに　しました。
おはなが　あれば、いろ水を　つくることができて、
アイテムの　いろをかえることが　できます。

2

ことばと　えが　あうように　せんで　むすぼう。

チューリップ 12本	ポピー 16本	タンポポ 20本

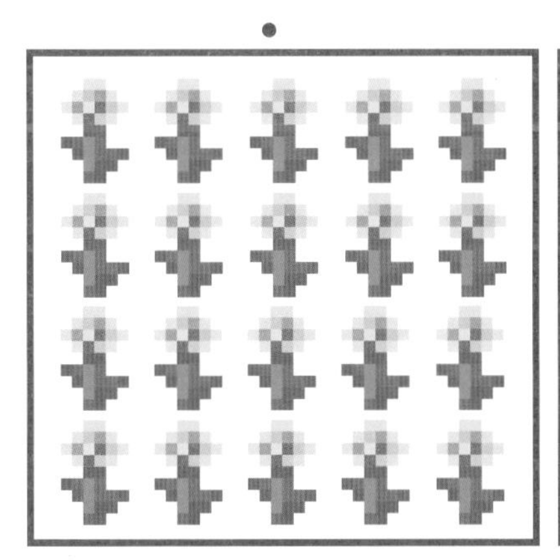

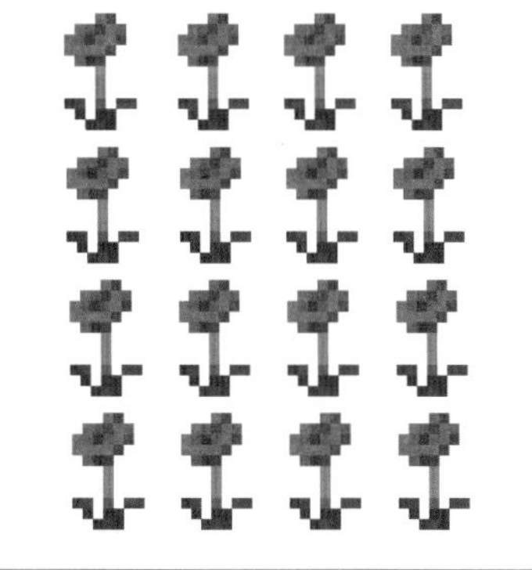

手に入れた　かずの
エメラルドを　いろで　ぬろう!

じゅんばんに　かぞえる

マックスは　木ざいで、いえを　たてはじめます。
はじめに、いえの　かどに　木ざいを　おきます。つぎに　かどと　かどを
つないで　いきます。ブロックは　すうじの　じゅんに　ならんでいます。

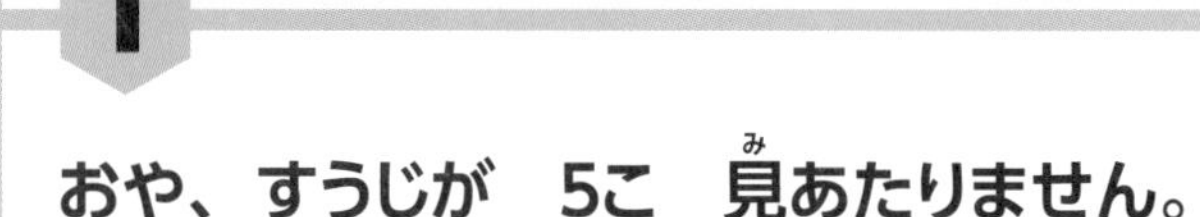

1

おや、すうじが　5こ　見あたりません。
なくなっている　すうじを　□の　なかに　かきましょう。

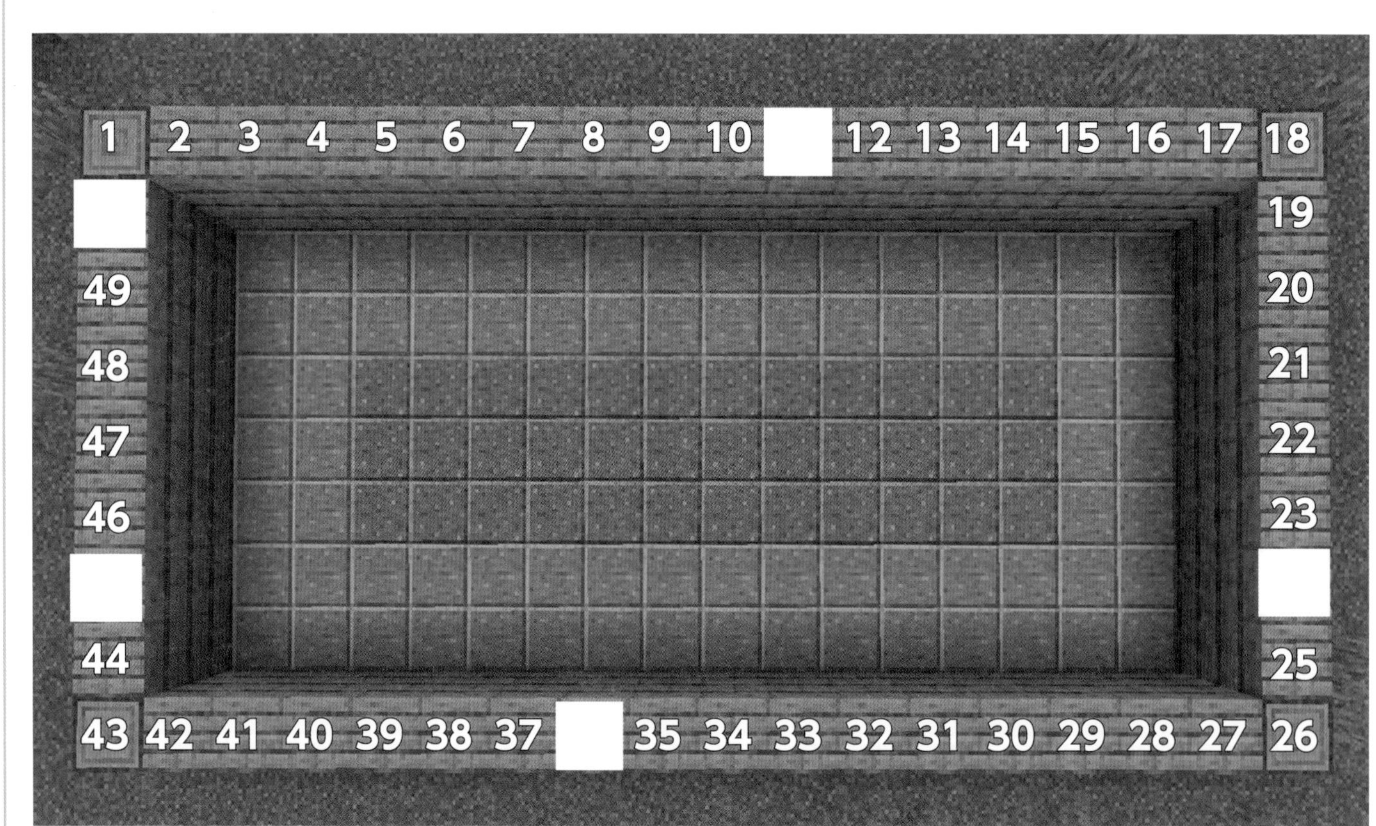

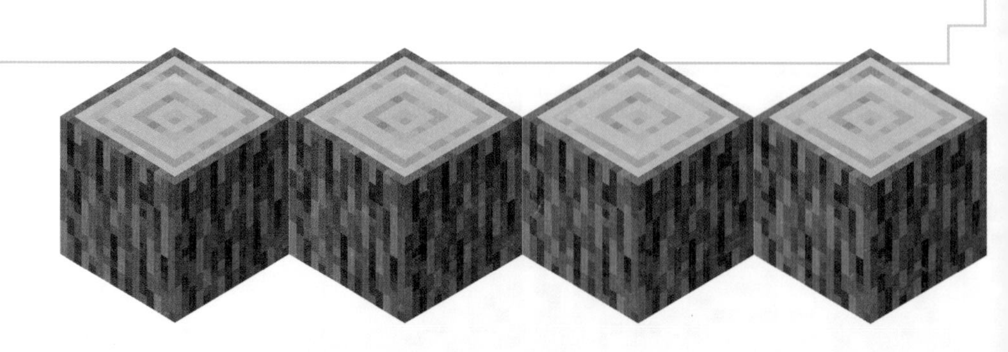

いえの　かべが　かんせいしました。
クモが　入ってこないように
まる石で　やねを　つくりましょう。
マックスは　ツルハシで　石を
ほって　そざい（ざいりょう）を　あつめます。

2

マックスは　24ばんの　ブロックの　上に　います。そこから　じゅんに
下の　ブロックの　かずだけ　すすむと　なんばんの　ブロックに　いますか?

1）24ばんの　ブロックから　2ブロック　すすむ ➡ ［　　］ばんの　ブロック

2）24ばんの　ブロックから　7ブロック　すすむ ➡ ［　　］ばんの　ブロック

3）24ばんの　ブロックから　9ブロック　すすむ ➡ ［　　］ばんの　ブロック

3

マックスは　45ばんの　ブロックの　上に　います。そこから　ぎゃくに
下の　ブロックの　かずだけ　もどると　なんばんの　ブロックに　いますか?

1）45ばんの　ブロックから　3ブロック　もどる ➡ ［　　］ばんの　ブロック

2）45ばんの　ブロックから　6ブロック　もどる ➡ ［　　］ばんの　ブロック

3）45ばんの　ブロックから　10ブロック　もどる ➡ ［　　］ばんの　ブロック

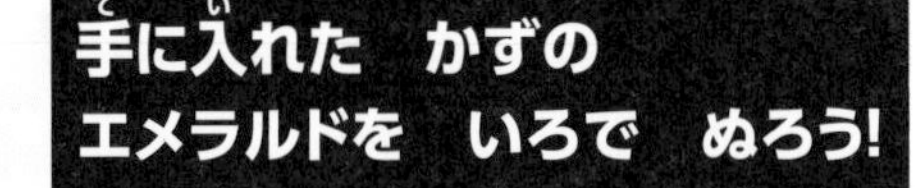

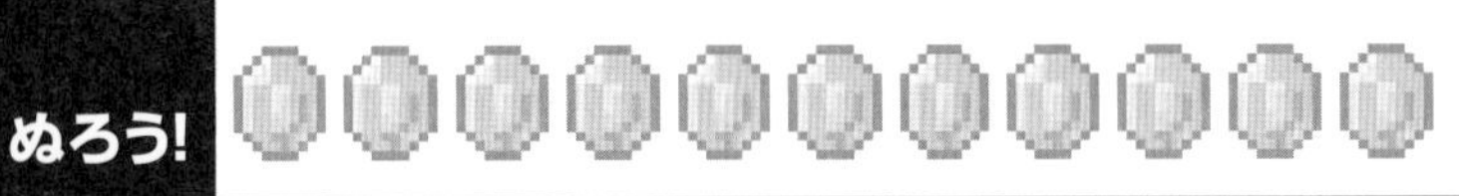

2こずつ、5こずつ、10こずつ かぞえる

石(いし)のかべで　かこんだ　ばしょに　はたけを　つくりました。
マックスは　たねを　まいて、さくもつを　しゅうかくしました。ジャガイモは　2こずつ、ニンジンは　5ほんずつ、こむぎは　10たばずつ　しゅうかくします。

1

ジャガイモは　ぜんぶで　いくつ　ありますか?

ジャガイモ

□こ

2

ニンジンは　ぜんぶで　いくつ　ありますか?

ニンジン

□ほん

3

こむぎは　ぜんぶで　いくつ　ありますか?

こむぎ

□たば

たんけんを　している　うちに　マックスは　村(むら)を　見(み)つけました。
村(むら)で　さくもつを　売(う)って、エメラルドと　こうかん　しましょう！

4

それぞれの　さくもつは　つぎの　かずの　エメラルドと　こうかんできます。

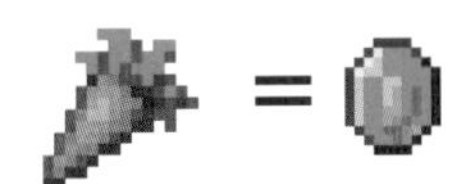 

マックスは　□の中(なか)の　かずの　さくもつを　こうかん　します。それぞれの　さくもつと　こうかんできる　ぴったりの　かずの　エメラルドを　もっている　村人(むらびと)は　だれかな？
□と　村人(むらびと)を　せんで　むすびましょう。

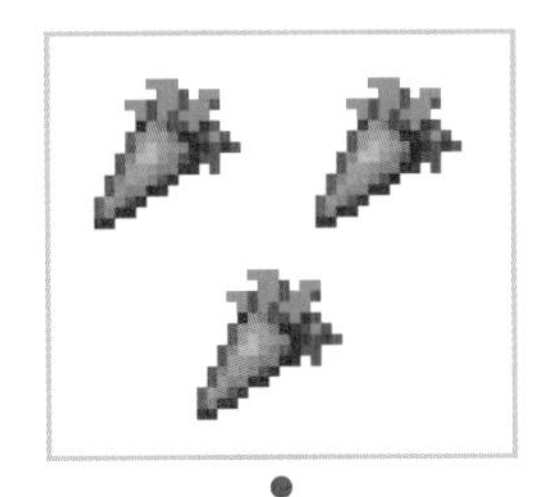 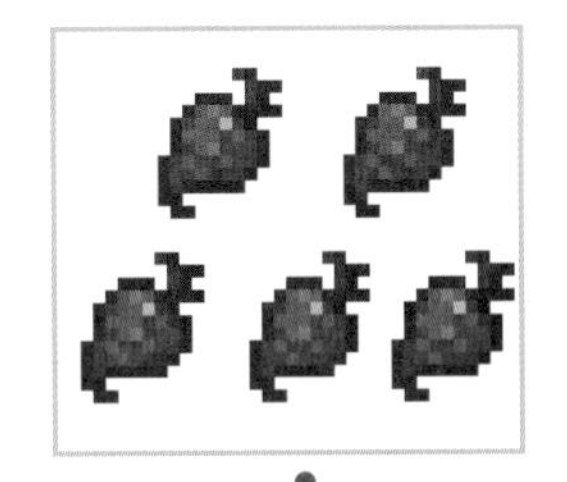 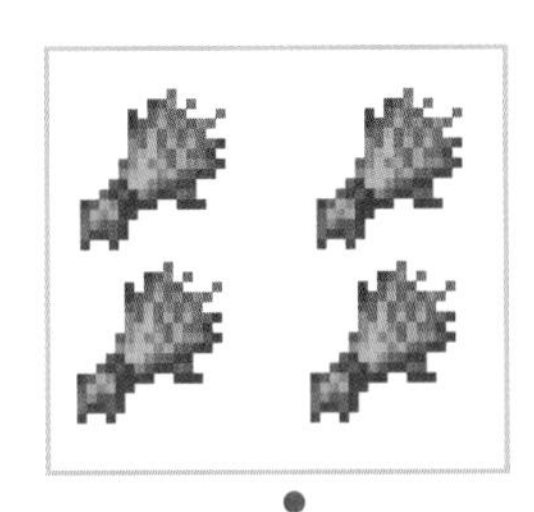

12　25　3

5

エメラルドを　手(て)に入(い)れた　マックスは、エリーから　金(きん)の　インゴット　を　買(か)う　ことに　しました。

＝ エメラルド　1こ

金(きん)のインゴットを　30こ　買(か)うには　エメラルドは　なんこ　ひつようでしょうか？
ひつような　かずの　エメラルドを　まるで　かこみましょう。

手(て)に入(い)れた　かずの
エメラルドを　いろで　ぬろう！

1おおい　かず
1すくない　かず

マックスが　いえに　かえると、エリーが　どうぶつを　あつめていました。
ぼくじょうを　つくる　つもりの　ようです。マックスは　じぶんの　もちものを
たしかめて、どうぶつに　エサを　あげました。

すべての　どうぶつに　エサを　あげるには　それぞれの　エサが　あと　1こずつ
ひつようです。下(した)の　それぞれの　エサの　かずよりも　1おおい　かずを　□に
かきましょう。

1)

2)

3)

4)

5)

どうぶつたちに　たくさんの　赤ちゃんが　生まれて、のうじょうは　いっぱいです。
マックスは　どうぶつを　すこし、しぜんに　かえす　ことに　しました。

2

それぞれの　どうぶつを　1ずつ　すくなくします。下の　どうぶつの　かずよりも
1すくない　かずを　□の　なかに　かきましょう。

1)

2)

3)

4)

5)

マックスは　さくもつに　ひりょうを　あげています。
ひりょうを　つかうと　しょくぶつや　木が　早く　そだちます。

3

ひりょうの　かずは　まる石より　1こ　おおく、
石たんより　1こ　すくないようです。

まる石 

石たん 

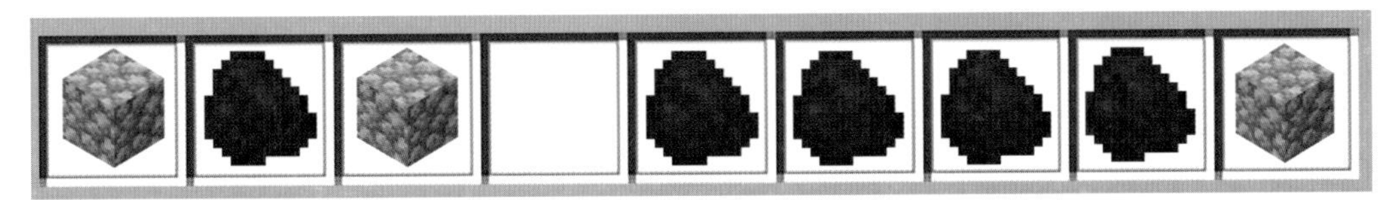

さて、ひりょうは　なんこ　ありますか？  こ

手に入れた　かずの
エメラルドを　いろで　ぬろう!

おおい、すくない、おなじ

マックスが　よなかに　いえを　出ると……なんと、
そとに　たくさんの　モンスターが　いました！

1

モンスターの　むれが　見えます。

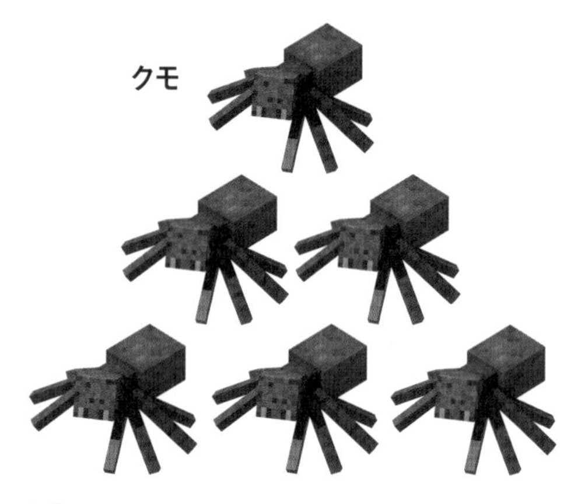

正しい　ことばを　○で　かこみ、文を　かんせい　させましょう。

クモは　ゾンビより　かずが　［ おおい　すくない ］。

2

マックスが　よこを　見ると、また　べつの　しゅるいの　モンスターが　見えました。

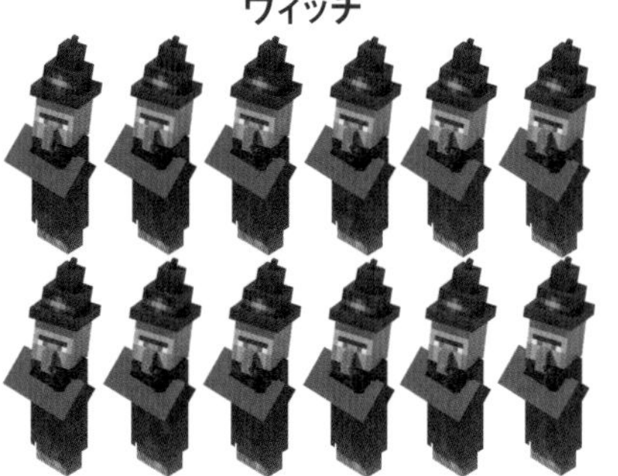

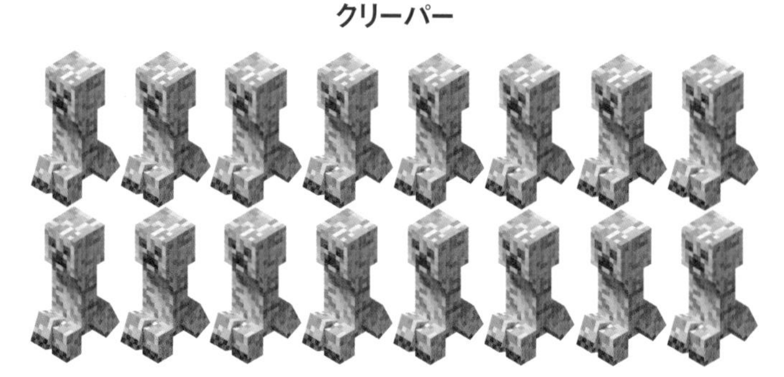

正しい　ことばを　○で　かこみ、文を　かんせい　させましょう。

クリーパーは　ウィッチよりも　かずが　［ おおい　すくない ］。

マックスは　木ざいを　もっと　あつめようと、木を　きりました。
すると、2本の　木から　リンゴが　おちました。

3

リンゴが　おおく　おちたのは　どちらの　木でしょうか？　〇でかこみましょう。

マックスは　ヒツジの　毛を　かりとって、ウールを　あつめる　ことに　しました。
のうじょうには　みどりいろの　ヒツジ、赤いろの　ヒツジ、
青いろの　ヒツジが　います。毛は　あさと　よるに　かりとります。

4

左は　あさに　かりとった　ウールの　かずです。右は　よるに　かりとった
ウールの　かずです。あさと　よるに　かりとった　ウールの
かずを　くらべて　おおい　ほうを　〇でかこみましょう。
かずが　おなじなら　…………　に　おなじ　と　かきましょう。

1)  …………………… 

2)  …………………… 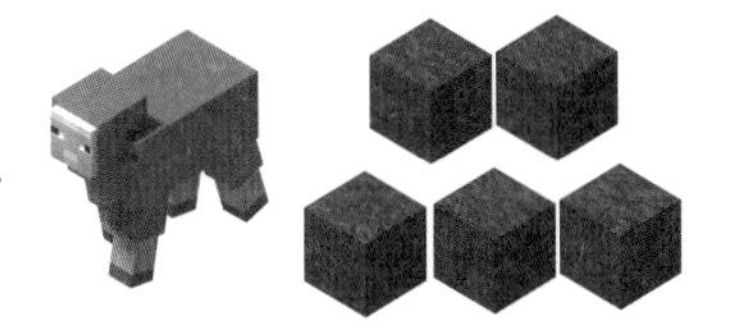

3) 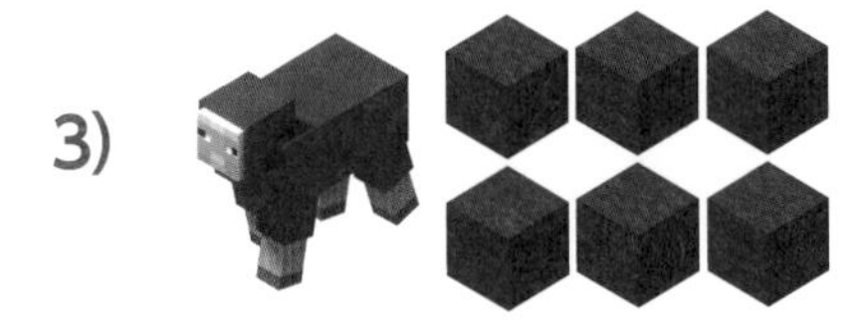 …………………… 

あさに　かりとった　ウール　　　よるに　かりとった　ウール

手に入れた　かずの
エメラルドを　いろで　ぬろう！

10と いくつ?

そざいを　あつめる　ために、マックスは　てつを　さがして　いえの　そばの　どうくつを　たんけんしています。マックスは　ほりながら　石(いし)を　つみあげていきます。はしらは　石(いし)のブロック　10こぶん　です。

1

それぞれの　えには、ぜんぶで　なんこの　ブロックが　あるでしょう?
すうじと　えを　せんで　むすぼう。

10　　19　　13

2

それぞれの　えには、ぜんぶで　なんこの　ブロックが　あるでしょう?
□に　すうじを　かきましょう。

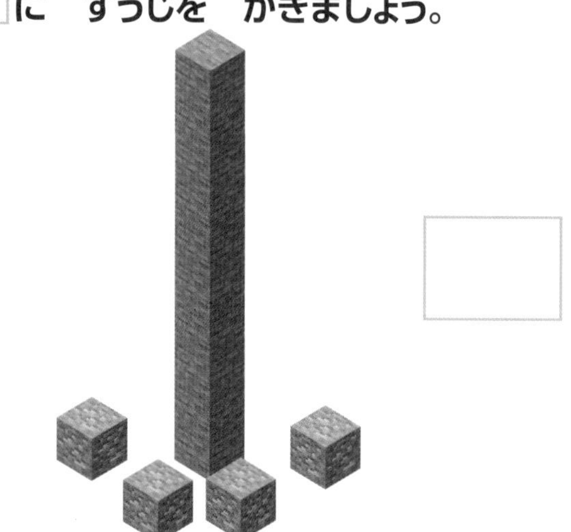

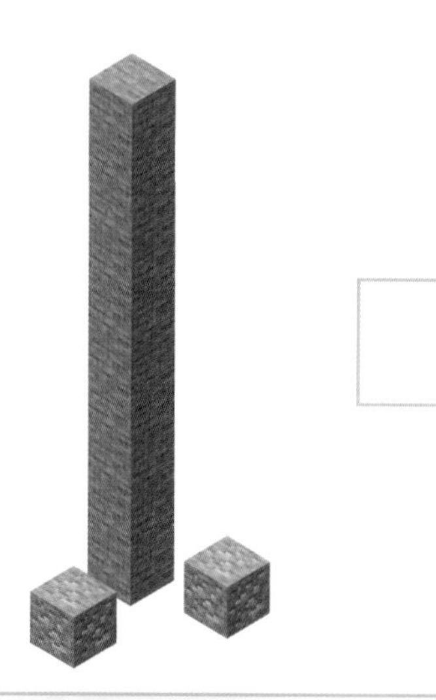

手(て)に入(い)れた　かずの
エメラルドを　いろで　ぬろう!

ぼうけんを　おえて……

おうちが　いちばん

マックスは　すてきな　いえを　たてました。へいげんを　たんけんして、たくさんの　そざいを　見つけました。

小さな　のうじょうを　つくり、やさいを　そだて、どうぶつを　かいました。いまでは、りっぱな　いえに　なりました。

ねるへやが　２つ、ちいさなキッチンが　１つ、アイテムを　おくばしょも　たっぷり　あります。

しあわせな　のうじょう

どうぶつたちも　しあわせそうです。エサを　あげる　たびに　かわいい　赤ちゃんが　生まれます。エサばこも　エサで　いっぱいです。モンスターが　ちかづかないよう、もっと　あかりを　おかなければ　いけません。

やるべき　こと

たりない　どうぐは　まだまだ　たくさん。マックスと　エリーには　いろいろな　しゅるいの　木ざいが　ひつようです。ぼうけん中は　おなかもへります。もっと　かんたんに　りょうりが　できるように　ならないといけません。みを　まもるためのぶきと　よろいも　ほしいです。ふたりは　リストを　つくりました。

- けんと　よろい
- たべもの
- 木ざいを　あつめる
- 石たんを　見つけて　たいまつと　かまどを　つくる

たしざん と ひきざん

森の　めぐみ

ちじょうには、たくさんの　森が　あって、いろんな　しゅるいの　木が　はえています。木かげには　キノコが　生えています。シチューに　入れると　とっても　おいしいです。

森の　中には　あさい　みずうみがあり、さかなが　およいでいます。木ざいと　たべものが　たくさん　手に入りそうですね。

花と　ミツバチ

森の　あちこちに　お花が　さいています。こんなに　うつくしい　ばしょはなかなか　見つかりません。ちかくをウサギが　はしりまわり、ミツバチたちが　花の　ミツを　あつめています。

森は　うつくしい　ばしょですが、よるは　きけんが　いっぱいです。たいようが　しずむ　まえに　いえにかえりましょう。

オオカミを　つれて　かえる

森の中には　ウシ、ブタ、ニワトリだけでなく、オオカミの　すがたも　見えます。マックスたちが　こうげきしなければ、オオカミは　なついてくれます。ホネを　あげれば、いえに　つれて　かえれるかも　しれません。

もくひょう

エリーは　シラカバの森に　入りました。もちものは　石の　けんと　たべものが　すこしだけ。やくに　立つ　アイテムを　たくさん　もって　かえりましょう。たべもの　だけでなく、石たんと　てつもさがしましょう。

2つぶん と はんぶん

エリーは　シチューを　つくるために、森で　キノコを　さがしています。
たかい　木の　下の　じめんを　しらべて　みました。

1

すると、ちゃいろい　キノコを　4こ
見つけました。シチューをつくるには　おなじ
かずの　赤い　キノコを　つかいます。
ちゃいろい　キノコの　下に
赤い　キノコの　えを　かきましょう。

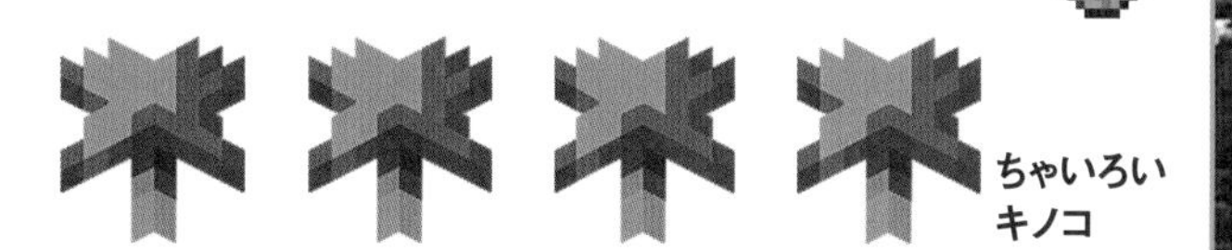

2

□に　かずを　かきましょう。

1）4の　2つぶんは ＝ □　　2）4 ＋ 4 ＝ □

キノコの　つぎは　木ざいを　手に入れ、ボウルを　つくりましょう。
エリーは　シラカバを　きって、木ざいを　12こ　あつめました。
木ざいの　はんぶんを　つかいます。

3

エリーが　つかう　木ざいの　かずは　なんこですか?
はんぶんの　かずの　木ざいを　×で　けしてね。

4

□に　かずを　かきましょう。

1）12この　はんぶん は □　　2）12 − 6 ＝ □

手に入れた　かずの
エメラルドを　いろで　ぬろう!

たしざんと ひきざんの もんだい

エリーは 森(もり)の おくに 入(はい)っていきました。
ウサギが たくさん います。それから ミツバチも！
ウサギに ニンジンを あげましょう。

エリーは ウサギを 4わ 見(み)つけました。
それから もう 5わ 見(み)つけました。
ぜんぶ あわせた かずを □に かきましょう。

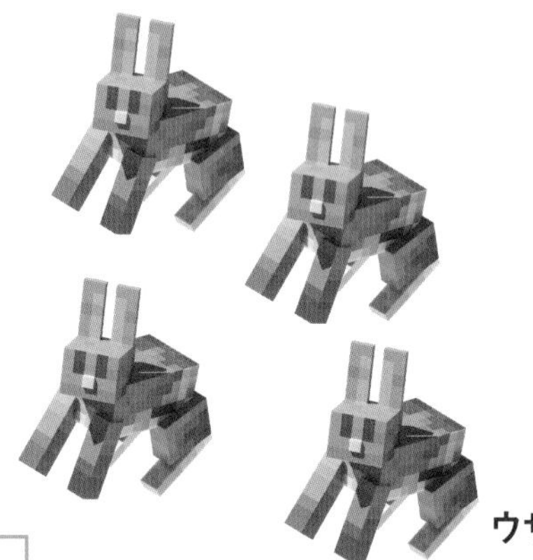
ウサギ

□わ

エリーは せんりょう（いろ水(みず)）を つくる ことに しました。
せんりょうが あれば、ウールに いろを つけられます。
赤(あか)むらさき いろの せんりょうを つくるには、
森(もり)に 生(は)えている ライラックの 花(はな)を つかいます。

エリーは 12本(ほん)の ライラックを もっています。
さらに 8本(ぼん)の ライラックを 見(み)つけました。
ぜんぶ あわせた かずを □に かきましょう。

ライラック

12 ＋ 8 ＝ □

エリーは　じぶんの　もちものを　しらべました。
たべものが　すくなくなって　いるようです。

3

たんけんを　はじめた　とき、エリーは　やきブタを
19こ　もっていました。ぼうけんを　しているうちに、
やきブタは　のこり　9こに　なっていました。
エリーは　これまでに　やきブタを　なんこ　たべたのかな？

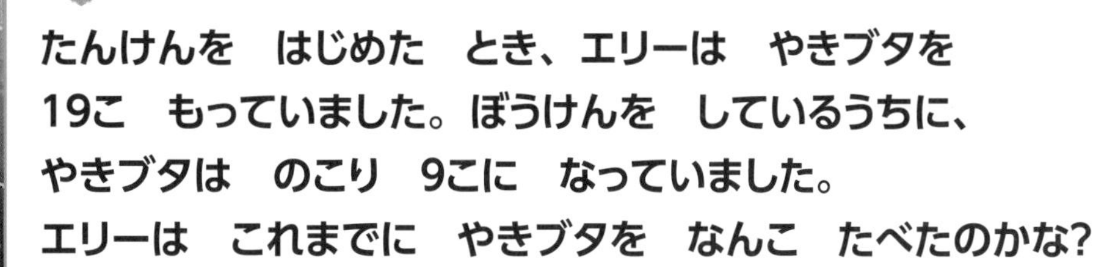

やきブタ

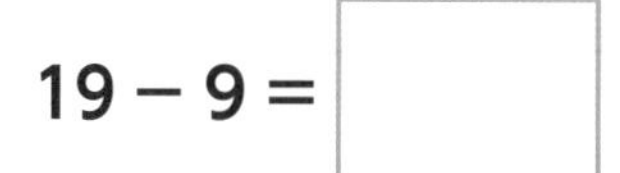
19 − 9 = □

エリーは　リンゴを　いくつか　ひろいました。リンゴを　1こ
たべると、まんぷくどの　バーが　2こ　かいふくします。

4

リンゴを　4こ　たべたら、エリーの　まんぷくどは
いっぱいに　なりました。4この　リンゴを　たべる　まえ、
エリーの　まんぷくどは　いくつ　だったでしょう？
下(した)の　まんぷくどの　えを　つかって、かんがえましょう。
こたえが　わかったら、□に　かずを　かきましょう。

まんぷくど　の　バー

手(て)に入(い)れた　かずの
エメラルドを　いろで　ぬろう！

のこりは　いくつ？　ぜんぶで　いくつ？

そろそろ　モンスターに　きをつけないと　いけません。エリーが　じめんを　ほっていたら　てっこう石が　見つかりました。これで　よろいを　つくれます。よろいを　つくるために、まず　木ざいと　まる石で　さぎょうだいと　かまどを　つくりました。

1

エリーは　てつの　インゴットを　18こ　もっています。そのうち　8こを　つかって、よろいを　つくります。てつの　インゴットは　なんこ　のこりますか？　てつの　インゴット8こに　×の　しるしを　つけて、こたえの　かずを　□に　かきましょう。

□こ

てつのインゴット

あたりが　くらく　なってきました。4たいの　スケルトンが　ちかづいて　きます。エリーは　スケルトンを　ぜんぶ　たおしました。さらに　4たいの　スケルトンが　ちかづいて　きたので、また　ぜんぶ　たおしました。

2

これで　8たいを　たおした　ことに　なります。それから　さらに、4たいを　たおしました。エリーは　ぜんぶで、なんたいの　スケルトンを　たおしましたか？　下の　えに　あと　4たいの　スケルトンの　えを　かいて、ぜんぶを　あわせた　かずを　□に　かきましょう。

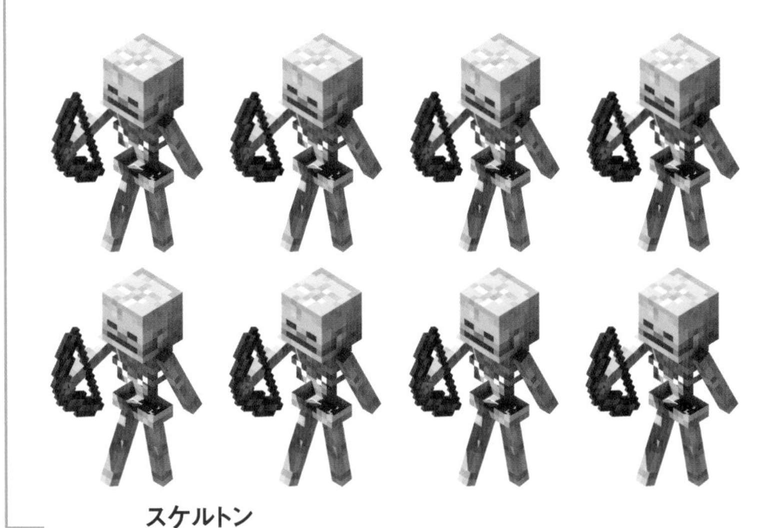

スケルトン

□たい

エリーは 森を 出て、いえに かえる ことに しました。
かえりみち、8たいの ゾンビに おいかけられました。
とおくには さらに 8たいの ゾンビが 見えます。

3

エリーを おいかけている ゾンビは ぜんぶで なんたい?
正しい こたえの □に ○を つけましょう。

8 □　16 □　20 □

ゾンビ

エリーは やっとの おもいで いえに かえりました。いえの まわりに もっと あかりを おいて、モンスターが ちかづけない ように しないと いけません。

4

 エリーは たいまつを つくるのに つかう 石たんを 20こ もっています。
下の しつもんと 正しい こたえを せんで むすびましょう。

エリーは 石たんを 5こ つかいました。のこっている 石たんは なんこ? ・	・ 8こ
エリーは 石たんを 12こ つかいました。のこっている 石たんは なんこ? ・	・ 5こ
エリーは 石たんを 15こ つかいました。のこっている 石たんは なんこ? ・	・ 15こ

せきたん

手に入れた かずの エメラルドを いろで ぬろう!

たしざんの しきで あらわす

エリーは ゾンビに おいつかれる まえに いえに かえりました。
それから、たいまつを つくり、いえの まわりの 石かべに おきました。
石かべは 10この 石ブロックが まっすぐに ならんでいます。

1

10この 石ブロックが ならんでいます。たいまつが 上に のっている 石ブロックの かずを □に 入れて しきを かんせい させましょう。

1)

8 + □ = 10

2)

6 + □ = 10

こんどは いえの よこにも たいまつを おきましょう。あかりが ないと、モンスターが ちかづいて きて しまいます。このままでは あんしん できません。

2

エリーは ぜんぶで 20この たいまつを つかう ことに しました。いま もっている たいまつは 11こ です。たいまつは あと なんこ あれば いいでしょうか?

20 = 11 + □

手に入れた かずの エメラルドを いろで ぬろう!

ぼうけんを　おえて……

いっぱい　あつめたね

エリーは　ぶじに　森から　かえって　きました。たいようが　出ている　あいだの　たんけんは　むずかしく　ありません。エリーは　木ざいを　たくさん　あつめ、てっこう石と　石たんも　見つけました。シチューをつくる　ための　キノコも　あつめたし、いろいろな　どうぶつも　はっけん　しました。

こまった　こと

たんけん中に　こまった　ことも　いくつか　ありました。まず、たべものが　たりず、ウサギを　つかまえないと　いけませんでした。かえりも　おそくなって　しまったので、モンスターと　たたかいに　なりました。そのため、エリーは　てつの　よろいを　つくりました。

これからに　そなえて

エリーは　いえの　ベッドに　入りました。石たんで　あかりを　たくさん　つくったので　いえは　あんぜんです。のこった　石たんはかまどで　つかい、りょうりを　する　つもりです。たんけんを　するには　ちゃんと　じゅんびを　しないと　いけませんね。マックスと　はなしあって、2人で　けいかくを立てました。

- てつを　あつめて、そうびを　つくる
- アイアンゴーレムを　つくって、いえを　まもって　もらう
- かこうがんで　いえの　かざりつけを　する

かけざん、ぶんすう

どうくつに　いってみよう！

　どうくつは　くらくて　こわい　ばしょです。なにが　ひそんでいるか　わかりません。でも　おたからも　いっぱいあるはず。地下には　石たんや　てつこう石が　たくさん　あります。これらをつかえば、ぶきや　よろいを　つくることが　できます。そして、地下のおくふかくには　さいこうの　そざいがあります。そう、ダイヤモンドです！

どうくつで　やるべき　こと

　マックスは　てつの　よろいと　けんを　そうびして、いえを　出ました。たべものも　どうぐも　もちました。さあ、どうくつをたんけんしましょう！

ダイヤモンドと　マグマ

　ダイヤモンドは　とても　めずらしいそざいです。マグマの　そばで　見つかる　ことも　あります。でも、マグマにおっこちたら　たいへん！　マグマの　そばで　ダイヤモンドを　ほるのは　とても　きけんです。

どうくつの　モンスター

　まっくらな　どうくつを　コウモリたちが　とびまわって　います。でも、コウモリは　こわく　ありません。きを　つけなければ　ならないのは　ゾンビ、クモ、スケルトン、クリーパー、スライムなどの　モンスターたちです。スライムは　たたかいにくい　あいてです。こうげきを　あてると、いくつかの　スライムに　わかれて　しまいます。くらくてひろい　どうくつには、スライムも　たくさん　いるでしょう。

かけざん（1）

どうくつの　なかを　あるいて　いると、こう石が　たくさん　ある　ばしょを　見つけました。ほっている　あいだに　くらく　ないよう、マックスは　たいまつを　じめんに　おきました。ちかくに　てつこう石と　きんこう石が　見えます。マックスは　ほりはじめました。

右の　かべの
えを　見ましょう。
マックスは　ぜんぶで
なんこの
てつこう石を
ほれるでしょうか？

てっこう石

$2 \times 4 =$ □

右の　かべの
えを　見ましょう。
マックスは　ぜんぶで
なんこの
きんこう石を
ほれるでしょうか？

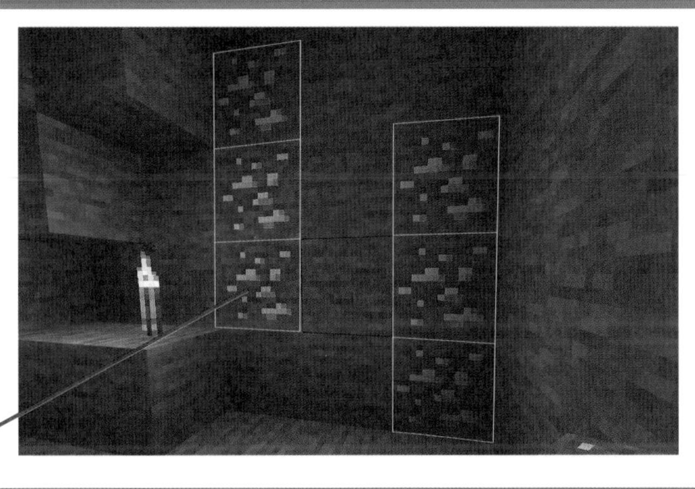

きんこう石

$3 \times 2 =$ □

3

右の　かべの
絵を　見ましょう。
マックスは　ぜんぶで
なんこの　石たんを
ほれるでしょうか？

石たん

$5 \times 2 =$ □

手に入れた　かずの
エメラルドを　いろで　ぬろう！

おなじ かず ずつ わける

さらに　どうくつを　すすむと、うしろから　音が　きこえて　きました。
うしろを　見ると、クモのす　から　たくさんの　クモが　出てきます。

1

クモのすは　ぜんぶで　10こ　あります。クモのす　2こを　まとまりと
かんがえて、クモのすを　2こずつ　〇で　かきましょう。

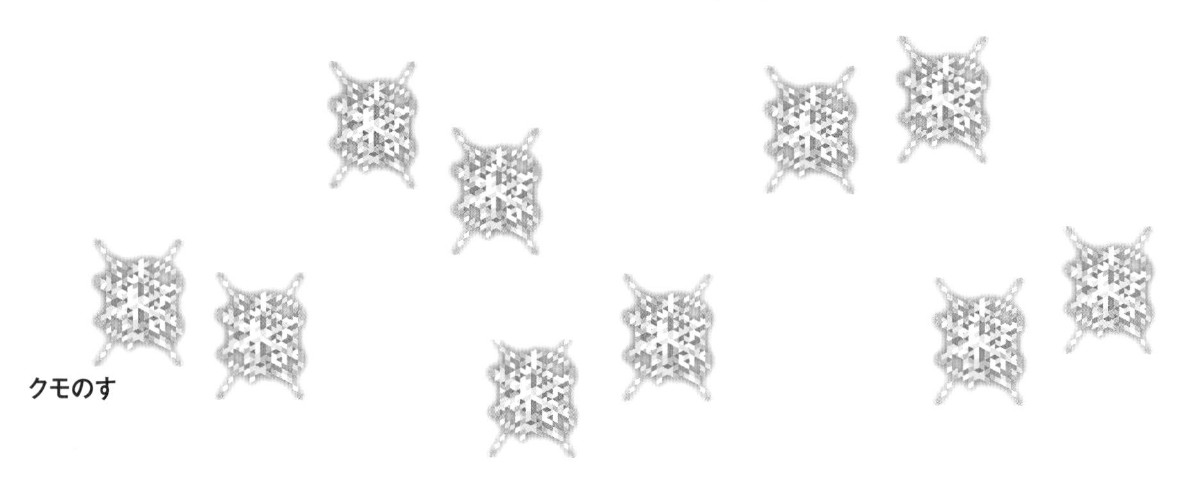

2

マックスが　すを　かたづけていると、たくさんの　クモが　出てきました。
クモのすは　ぜんぶで　12こ　あります。
3この　あなに　12ひきの　クモが　いるのは　どちらでしょう?
ただしい　ほうの□に　〇を　つけましょう。

□

□

3

4コの　あなが　あります。ぜんぶの　あなに　12コの
クモのすが　おなじ　かず　ずつ　入（はい）るように　かきましょう。

クモのす

クモのすを　やっつけた　あと、マックスは　じぶんの　もちものを　しらべました。
ここに　くるまでに　たいまつを　たくさん　つかって　しまいました。たいまつを
つくるため　マックスは　石（せき）たんを　5この　マスに　わける　ことに　しました。

4

マックスは　石（せき）たんを　20こ　もっています。そこで　もちものスロット
5こに　20この　石（せき）たんを　わける　ことに　しました。
それぞれの　スロットには　石（せき）たんが　なんこずつ　入（はい）りますか?

□こずつ

石（せき）たん

もちもの
スロット

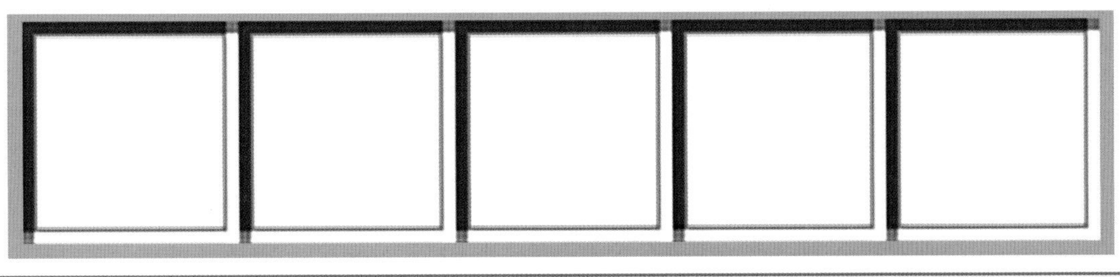

手（て）に入（い）れた　かずの
エメラルドを　いろで　ぬろう!

かけざん(2)

マックスは　モンスターを　たくさん　たおしましたが、けんが　こわれそう　なので、
けんを　いくつか　つくる　ことに　しました。

てつのけん　1こを　つくるには、てつの　インゴットを　2こ　つかいます。
けん　3こを　つくるには、ぜんぶで　なんこの　インゴットが　ひつよう　でしょうか?
したの□に　すうじを　かきましょう。

＝

＝

＝

てつのけん　てつの インゴット

$2 \times 3 =$ □

マックスは　地下の　どうくつで　レールを　見つけました。
レールは　5こずつ　まとまって　おかれていました。

5こずつ　まとまった　レールが　ぜんぶで6こ　ありました。
レールは　ぜんぶで　いくつ　ありますか?

5こずつ まとまった レール

$5 \times 6 =$ □

マックスは　石たんで　たいまつを　つくろうと　おもいました。
石たん　1コで　たいまつは　4こ　つくれます。

石たん　10こを　つかうと、たいまつは　いくつ　つくれるでしょうか?

$4 \times 10 =$ □

たいまつ

マックスは　かこうがんの　ブロックで、いえに　はしらを　たてようと　しています。
かこうがんの　はしらを　つくるには、かこうがんの　ブロックが　2こ　ひつようです。

かこうがんブロック2こ  ＝  かこうがんのはしら　1本

つぎの　かずの　かこうがんブロックから、なん本の　はしらを　つくれるでしょうか?

1）かこうがんブロック4こ　2）かこうがんブロック8こ　3）かこうがんブロック10こ

ほん 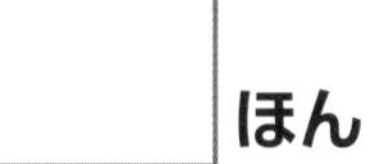 ほん 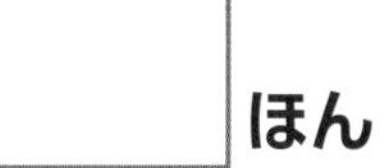 ほん

マックスは　地下の　どうくつで　チェストを　たくさん　見つけました。

それぞれの　チェストには　アイテムが　10こ　はいっています。
下の　かずの　チェストには、アイテムが　なんこ　はいっているでしょうか?

1）チェスト　1つ   こ

2）チェスト　5つ   こ

3）チェスト　2つ  こ

手に入れた　かずの
エメラルドを　いろで　ぬろう!

かけざんを つかって かんがえよう

マックスは　クリーパーを　見つけたので、さっそく　たたかう　ことに　しました。
クリーパーを　たおすと　かやくが　手に　入ります。

クリーパーを　1たい　たおすと、
かやくが　2こ　手に　入ります。

かやくを　8こ　手に　入れるには　クリーパーを　なんたい　たおせば　いいでしょうか？

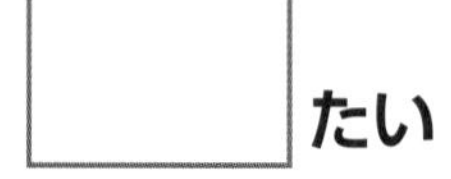

マックスは　ちいさな　いえを　つくり、あしたからの　ぼうけんに　そなえる　ことに
しました。まず、20この　ブタにくを　りょうりする　ために　かまどを　5こ　おきます。
それぞれの　かまどに　おなじ　かずの　ブタにくを　入れます。

かまど　1この　中には　ブタにくが　なんこ　はいっているでしょうか？
正しい　こたえの　□を　○で　かこみましょう。

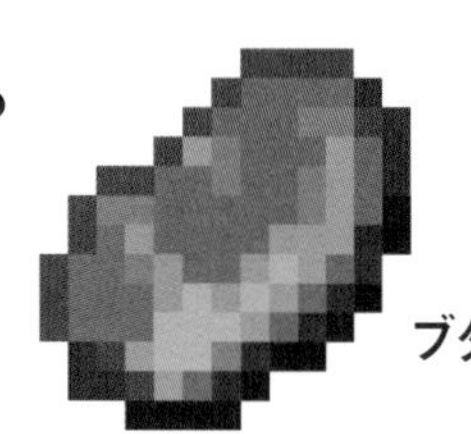

ブタにく　2こ

ブタにく　8こ

ブタにく　4こ

ブタにく　6こ

マックスは　かえる　とちゅう、スライムと　ばったり　出あって　しまいました。
こうげきを　あてると　スライムは　かずが　ふえるので、なんども　こうげきを
しないと　いけません。20の　ダメージを　あたえると　スライムを　たおせます。
木の　けんは　1かいの　こうげきで　5の　ダメージを　あたえることができます。

スライムを　たおすには　なんかい　こうげきすれば　よいかを　かんがえます。
正しい　しきの□に　○を　つけましょう。

1かいの
こうげきで
5のダメージ

5ダメージ × **20かい** = 20ダメージ　□

5ダメージ × **10かい** = 20ダメージ　□

5ダメージ × **4かい** = 20ダメージ　□

どうくつの　そとに　むかっていると、こんどは　スケルトンが　あらわれました。
スケルトンを　たおすと　ホネが　2こ　手に　入ります。
マックスは　スケルトンを　ぜんぶ　たおして、ホネを　ぜんぶ　ひろいました。

ホネは　ぜんぶ　あわせると、18こ　あります。
マックスは　なんたいの　スケルトンを　たおしたでしょう?
正しい　こたえの　□を　○で　かこみましょう。

11たい

9たい

7たい

5たい

スケルトン

手に入れた　かずの
エメラルドを　いろで　ぬろう!

ぜんたいの どれくらい かな?

モンスターは　みんな　いなくなった　ようです。
マックスは　とても　がんばりました。

下の　まるは　マックスの　ケーキを　上から　見た　ところです。むらさきの
ぶぶんは　たべて　しまったので
もう　ありません。

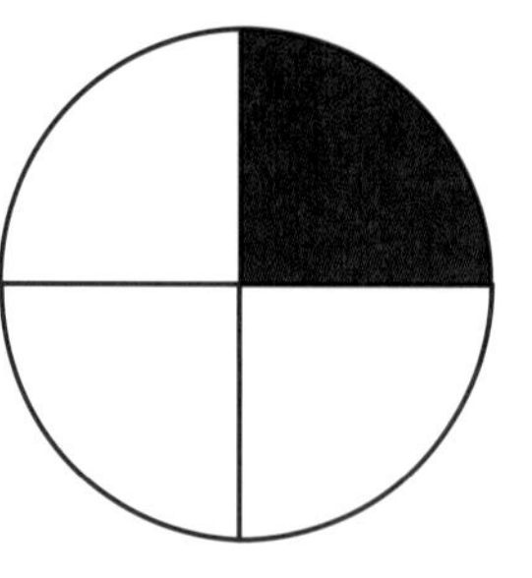

マックスが　たべたのは　ケーキぜんたいの　うち、どれくらいでしょう?
正しい　こたえの　□に　○を　つけましょう。

$\frac{1}{4}$ 

$\frac{1}{2}$ 

$\frac{1}{3}$ 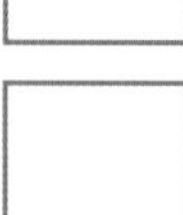

みちを　あるいて　いると、マックスは　とても　おなかが　すいている　ことに
きが　つきました。まんぷくどの　ゲージが　へっています!

下の　えは　マックスの　まんぷくどが　どれくらい　へっているかを　あらわして　います。ゲージは　ぜんぶで　10こ　あります。まんぷくどは　ぜんたいの　どれくらい
へっているでしょうか?

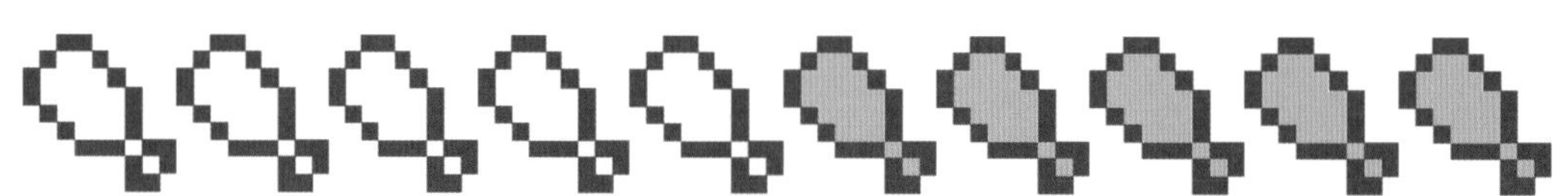

正しい　こたえの　□に
○を　つけましょう。

はんぶん □　　はんぶんの　はんぶん □

どうくつの　中には　コウモリも　たくさん　とんでいます。たおしても　なにも　手に
入らないので、マックスは　コウモリたちが　とんでいる　すがたを　ながめて　いました。

コウモリが　4ひき　むれに　なって　とんでいます。そのうちの
1ぴきが　いなくなり、3びきが　のこりました。
いなくなったのは　もとの　コウモリの　かずの　なんぶんの　いち　ですか？
正しい　こたえの　□に　○を　つけましょう。

$\frac{1}{4}$	$\frac{1}{2}$	$\frac{1}{3}$
□	□	□

どうくつの　入り口の　よこに　てつこう石が　ありました。
かなり　たかい　ばしょに　あるので、マックスは
つちブロックを　つみあげる　ことに　しました。

てつこう石は　じめんから　12ブロックの　たかさの　ところに　あります。
3つの　しつもんに　ついて　下の□の中から　正しい　こたえを　えらびましょう。

$\frac{1}{2}$　　$\frac{1}{3}$　　$\frac{1}{4}$

1）マックスは　ブロックを　3こ　つみあげました。
てっこう石の　たかさの　なんぶんの　いちに　なりましたか？

……………………………………

2）マックスは　ブロックを　6こ　つみあげました。
てっこう石の　たかさの　なんぶんの　いちに　なりましたか？

……………………………………

3）マックスは　ブロックを　4こ　つみあげた。
てっこう石の　たかさの　なんぶんの　いちに　なりましたか？

……………………………………

手に入れた　かずの
エメラルドを　いろで　ぬろう！

$\frac{1}{2}$と$\frac{1}{4}$

マックスは　ようやく　どうくつから　出(で)ることができました。もうすこしで　いえに　つきます。アイアンゴーレムを　つくることができる　かずの　てつこう石(せき)は　手(て)に　入(はい)った　でしょうか? アイアンゴーレムを　つくるには　てつを　4こと　カボチャを　1こ　つかいます。

カボチャが　8こ　あります。
8この　うち　$\frac{1}{2}$(はんぶん)の　かずの　カボチャに　○を　つけて、下(した)の文(ぶん)を　かんせいさせましょう。

8この$\frac{1}{2}$ は □ こです。

ハサミで　カボチャを　くりぬいて　カボチャの　ランタンを　つくります。これが　ゴーレムの　あたまに　なります。マックスは　さらに、いえを　かざりつけるため　カボチャの　ランタンを　もっと　つくる　ことに　しました。

マックスは　カボチャを　8こ　もっています。
8この　うち　$\frac{1}{4}$の　カボチャを　ランタンに　します。
ランタンに　する　カボチャに　○を　つけて、下(した)の文(ぶん)を　かんせい　させましょう。

8この$\frac{1}{4}$ は □ こです。

手(て)に入(い)れた　かずの　エメラルドを　いろで　ぬろう!

ぼうけんを　おえて……

いっぱい　がんばったね

いえに　かえると、マックスは　ヘトヘトに　なっていました。どうくつ　たんけんは　ワクワクしましたが、こわい　ことも　いっぱいです。でも、そざいも　たくさん　見つけました。マックスが　もちものを　チェストに　しまって　いると、夕ごはんの　じかんに　なりました。マックスが　どうくつに　出かけてる　あいだに、エリーが　ベイクドポテトを　つくって　くれました。これで　おなかは　いっぱい！　ごはんの　あと、マックスは　そざいと　アイテムを　せいりしました。

アイアンゴーレムを つくる

エリーは　2人で　あつめた　てつの　インゴットを　つかって、アイアンゴーレムを　つくります。まず、てつの　インゴットを　くみあわせて　てつブロックを　つくり、それを　にわに　おきました。マックスが　カボチャの　ランタンを　エリーに　わたしました。これが　あたまに　なります。アイアンゴーレムが　いれば、モンスターとの　たたかいが　らくになるし、いえも　まもって　もらえます！

じゅんびも わすれずに！

マックスと　エリーが　モンスターと　たたかうと、そうびが　きずついて　しまいます。2人は　あたらしい　けんと　よろいを　つくる　ことに　しました。2人とも　ヘトヘトだけど、あしたの　ぼうけんが　たのしみです！

いろいろな　はかりかた

見わたす　かぎりの　みどり

ジャングルは　すごい　けしき。どこを　見ても　みどりがいっぱい！ジャングルの木は　地上の　ほかの　どんな　木よりも　せが　たかく、ツタの　せいで　むこうが　よく　見えません。そのため、ジャングルが　いっそう　ふかく　かんじられます。カカオまめも　生えて　いますし、竹も　生えています。あとは　メロン。ジャングルには　みりょくが　いっぱい　です。

ジャングルの　めぐみ

この　せかいの　ほとんどの　ものは　あつめたり、こわしたり、はこんだり　できます。たとえば、木は　まるたになり、まるたから　いたを　つくれます。竹はうえれば、生えてきます。カカオまめや　メロンは　たべたり、うえてそだてたり　できます。ツタは　はさみで　きっても　いいし、ツタを　のぼって　たかい　木の　うえに　のぼる　ことも　できます。

オウムを　ペットに　してみない？

ジャングルには　パンダ、ヤマネコ、オウムが　すんでいます。どうぶつたちに　はすきな　エサが　あります。パンダは　竹を　たべ、ヤマネコは　さかなを　たべます。オウムは　たねを　たべます。ジャングルには　そざいが　たくさん。ここを　ぼうけんすれば、たべものと　木ざいを　いっぱい　もって　かえれます。オウムを　ペットにできるかも？

いざ　ジャングルへ

エリーは　たんけんに　しゅっぱつします。ちかくの　山に　のぼると　ジャングルの　ような　ばしょが　見えました。せの　たかい　木や　竹も　見えます。さあ、しゅっぱつの　じゅんびは　オーケー！　もくざいを　あつめたり、どうぶつを　さがしに　出かけましょう。クッキーの　ざいりょうに　できる　カカオまめも　見つかると　いいですね。

ながさと たかさ

さっそく　ジャングルに　やってきました。なんて　木が　たかいのでしょう！　エリーは　しばらく　見とれて　しまいました。いったい　どれくらいの　たかさが　あるのでしょう。

1

どちらの　木が　たかいかな?
たかいほうの□に　○を　つけましょう。

(1)

□

(2)

□

2

(1) と (2) の　ツタが　あります。
まん中の　すうじは　ツタの　たかさを
ブロックの　かずで　あらわして　います。
それぞれの　ツタの　たかさを　下の□に
すうじで　かきましょう。

(1)　20 19 18 17 16 15 14 13 12 11 10 9 8 7 6 5 4 3 2 1　(2)

□ ブロック　　□ ブロック

手に入れた　かずの
エメラルドを　いろで　ぬろう!

おもさと かさ

ジャングルには　おどろきが　いっぱい。エリーが　しっているのは　アカシアと　シラカバの木　だけです。ジャングルの木は　かたちが　ぜんぜん　ちがいます。3本の　木の　おもさを　くらべて　みよう。

1

「おもい」か 「かるい」かを　かいて　下の文を　かんせいさせましょう。

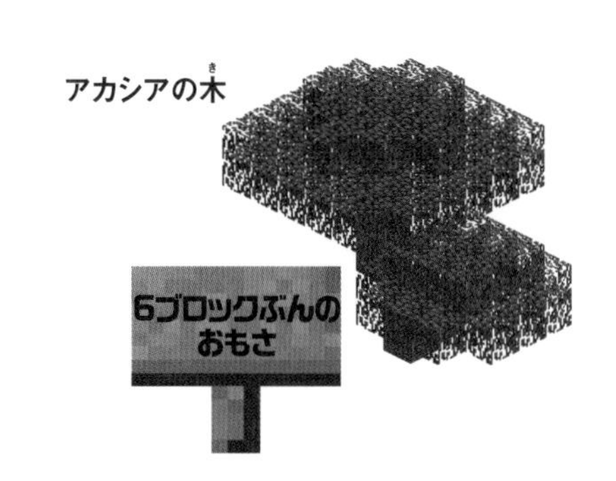

1）ジャングルの木は　アカシアの木よりも　…………………………。

2）シラカバの木は　アカシアの木よりも　…………………………。

ジャングルを　あるいて　いると、いけが　ありました。
エリーは　バケツで　水を　すくって　大きな　おけに　うつすことに　しました。

2

1）下の　2つの　えを　見てください。どちらの　かずの　バケツが　おけを　よりはやく　いっぱいに　できるでしょう? 正しい　ほうの□に　○を　つけましょう。

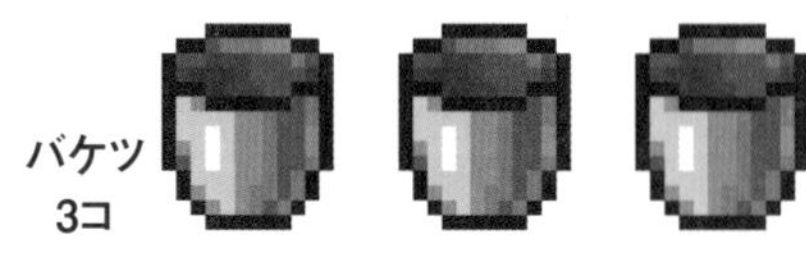

2）上の　えを　もういちど　見てください。
□を　うめて　つぎの　文を　かんせいさせましょう。

□ 3この　ほうが  よりも  が

大きいので、よりはやく　おけを　いっぱいに　できる。

竹の林の　中に
パンダが　いました。
パンダは　ころがったり、
竹を　かじったりするのが　だいすき。
パンダの　おもさは
どれくらい　でしょうか?

3

てんびんで　パンダと　ヤマネコの
おもさを　くらべて　みましょう。
はかりを　見て、
下の　2つの　文の□に
すうじを　かきましょう。

1)

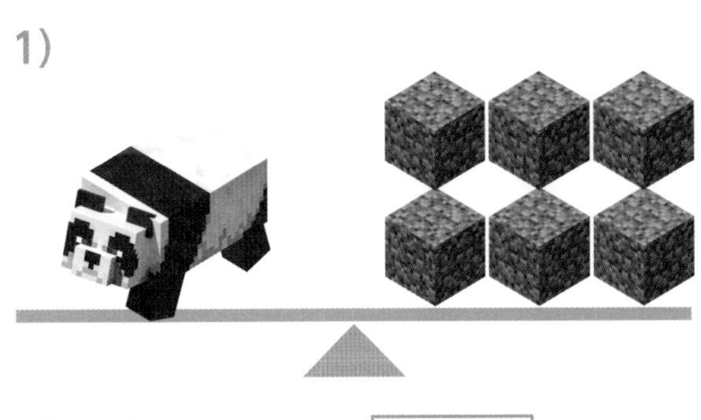

パンダの おもさは　ブロック □ こぶん。

2)

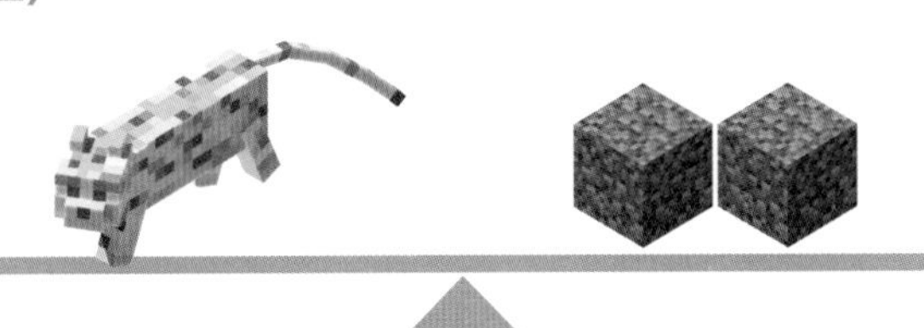

ヤマネコの おもさは　ブロック □ こぶん。

どんどん　あるいて　いくと　小さな
村が　ありました。いえが　なんけんかと
小さな　のうじょうが　あります。
エリーは　コンポスターを　見つけました。
お花、たね、ゴミを　入れると　ひりょうを
つくれる　そうちです。

4

下の　ずは　4この　コンポスター（1〜4）が
どれくらい　いっぱいに　なっているかを
あらわして　います。正しい　せつめいと
ずを　せんで　むすびましょう。

1)

- まんたん
- からっぽ
- はんぶん
- $\frac{1}{4}$

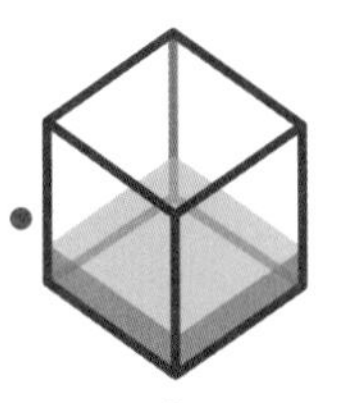
1

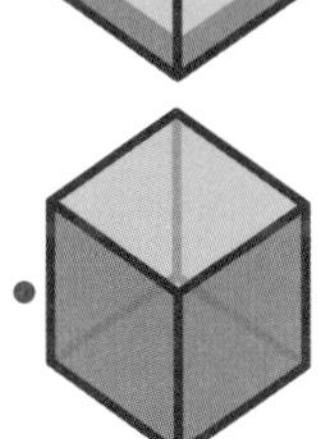
2

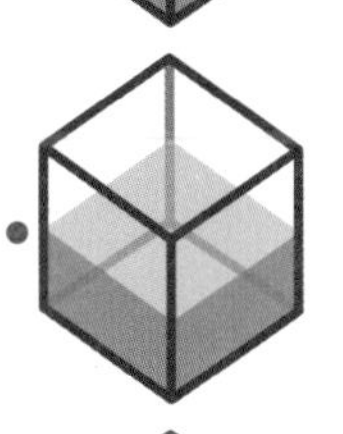
3

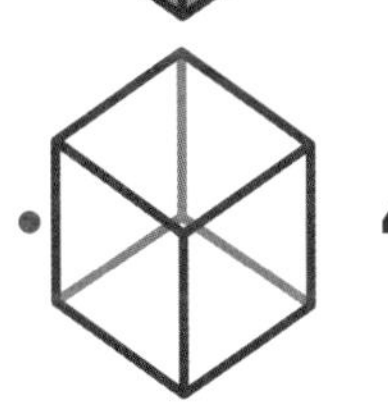
4

2) 「おおい」　または　「すくない」を　かいて
文を　かんせい　させましょう。

1は　4の　コンポスターより　中に
入っている　りょうが　……………。

3は　2の　コンポスターより　中に
入っている　りょうが　……………。

手に入れた　かずの
エメラルドを　いろで　ぬろう!

ときを　あらわす　ことば

きれいな　オウムが　とんで　います。
エリーは　オウムを　ペットに　したいと　かんがえました。
きっと　すてきな　ともだちに　なって　くれるでしょう。

1

オウムを　ペットにする　正しい　じゅんばんを
下の□と　えを　せんで　むすんで　かんがえて　みましょう。

オウムに
エサを　あげる。

オウムが　なついたら、
じぶんの　かたに
のせる。

1ばんめに
2ばんめに
つぎに
さいごに

オウムを
見つける。

オウムに
あげる　ための
エサを　あつめる。

エリーは　ともだちに　なった　ばかりの　オウムと　たんけんを　つづけます。
きょう　やった　ことを　おもいだして　みましょう。

2

正しい　ことばを　□から　えらんで　下の……に　かいて　文を　かんせい　させましょう。

あした	あさ	おひる	よる

エリーは　…………　おきて、きょうの　じゅんびを　した。

…………　に　ジャングルを　たんけんして、アイテムを　手に　入れた。

…………　は　ベッドで　おやすみなさい。

…………　おきた　ときには、また　あさに　なっているね。

ジャングルは　木(き)が　おいしげって　たいようが　見(み)えないので、いまが　なんじなのか　よく　わかりません。でも　エリーには　ちずと　コンパスが　あるので、くらくても　だいじょうぶ！

3

それぞれの　とけいの　正(ただ)しい　じこくに　○を　つけましょう。

12じ　　2じ

7じ　　1じ

6じはん　　5じはん

9じはん　　10じはん

4

 エリーが　とけいを　よめる　ように、はりを　かいて　あげましょう。

3じ

10じはん

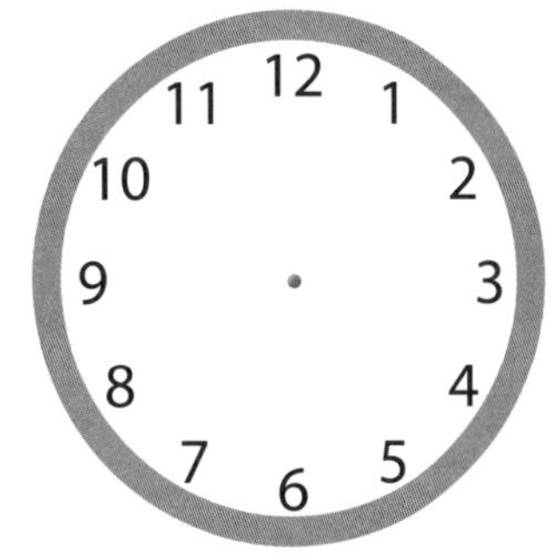

手(て)に入(い)れた　かずの
エメラルドを　いろで　ぬろう！

お金の　かぞえかた

エリーは　ジャングルで　たくさんの　木ざいを　あつめました。
メロンや　カカオまめも　手に　入れました。いえに　かえる　とちゅうで
エリーは　エメラルドを　つかって　アイテムを　かおうと　しています。
ここで、お金に　ついて　まなびましょう。

下の　えの　お金　を　見てください。

それぞれの　お金は　なんまい　ありますか?

1円 ☐ まい　　10円 ☐ まい　　100円 ☐ まい

2

下の　えの　お金　は　それぞれ　いくらでしょうか?

1) 

……………

2) 

……………

3) 

……………

4) 

……………

5) 

……………

6) 

……………

7) 

……………

手に入れた　かずの
エメラルドを　いろで　ぬろう!

ぼうけんを　おえて……

お出かけに　ぴったりの　1日

エリーは　ジャングルで　すてきな　1日を　すごしました。モンスターとの　たたかいは　ひと休み。アイテムを　あつめたり、のんびり　できました。見たことも　ない　木や　しょくぶつが　ありました。あたらしい　オウムのともだちも　できました。

みんな　まんぞく

マックスと　エリーには　りっぱないえが　あります。あたらしいばしょを　たんけんし、あたらしいアイテムを　つくり、あたらしいともだちも　できました。

クッキーと　ミルクで　おいわい

よる　ねむる　まえに、エリーはジャングルの　木を　つかって、小さな　へやを　つくりました。オウムの　ための　おへやです。マックスは　ぼうけんが　うまくいっている　おいわいに　クッキーを　やきました。ウシから　しぼった　ミルクと　いっしょに　たべれば　さいこうの　きぶん！

かたち

もっと　すみやすく

また　あたらしい　1日の　はじまり。マックスとエリーは　もっと　すみやすい　いえに　しようと　かんがえました。

すみやすい　いえ

よるに　なっても　あんしんの　いえが　できました。すみやすい　すてきな　おうちです。

えの かたち

マックスは　いえの　そばに　あたらしい　たてものを　つくっています。
そこに　チェストを　たくさん　おく　つもりです。
木ざいを　えらんで　いろいろな　かたちに　つみあげて　いきます。

下の　かたちを　見てください。かたちと　あう　ことばを　せんで　むすびましょう。

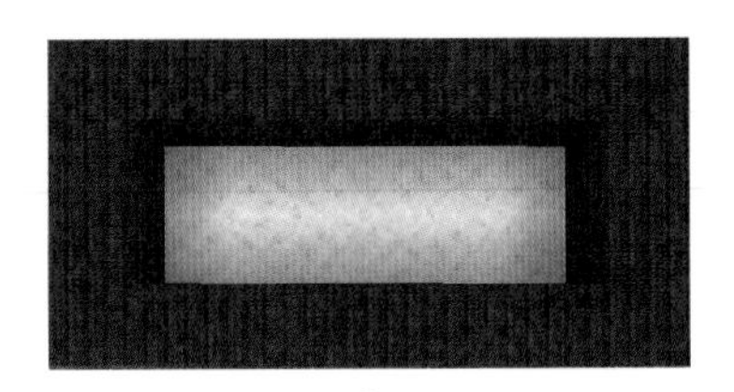

ましかく　　ながしかく

マックスは　あたらしい　たてものと　いえの　あいだに　いけを　つくる　ことに
しました。いけの　まわりに　すなを　しきつめて、サトウキビを　そだてる　つもりです。

2

マックスは　2つの　かたちを　かんがえました。

1

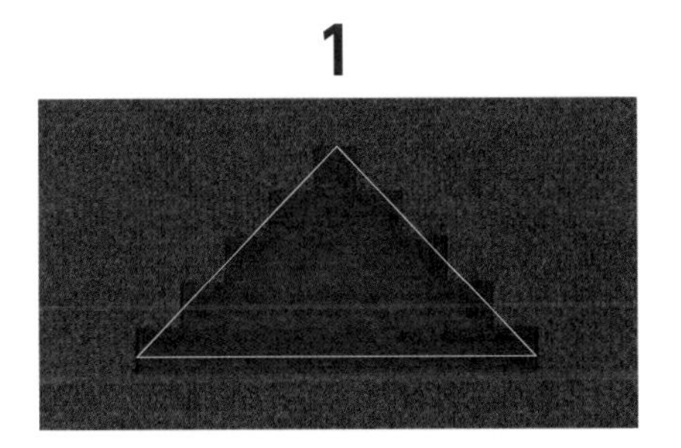

2

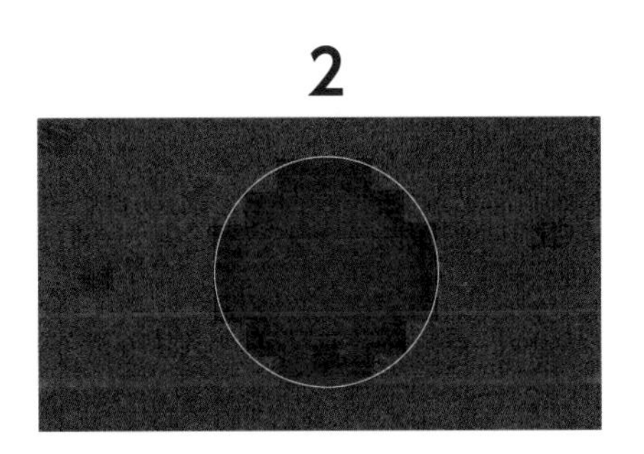

それぞの　しつもんに　こたえましょう。ただしい　ほうの　□に　○を　つけよう。

1）1の　いけは　どんな　かたち?　　まる □　　さんかく □

2）2の　いけは　どんな　かたち?　　まる □　　さんかく □

マックスは　あたらしく　できた　たてものを　じっくり　ながめました。

3

これは　たてものを　しょうめんから　見た　えです。

1) ましかくは　いくつ　ありますか?

2) ながしかくは　いくつ　ありますか?

3) さんかくは　いくつ　ありますか?

マックスは　いえに　もどり、げんかんに　たって
へやを　ながめました。

下の　えは　へやの　ようすです。左の　2つの　えの　かたちに　ちかいものは
へやの　どこに　あるかな?　せんで　むすびましょう。

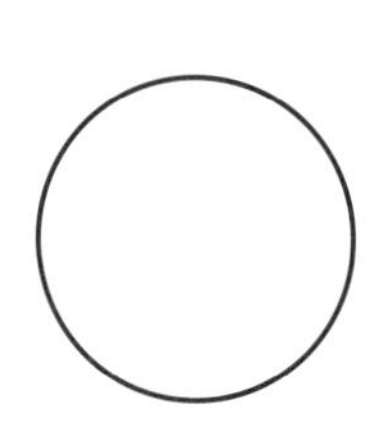

マックスは　たくさんの　そざいを　つかって、いえの　かぐを　つくっています。
たのしい　いえに　するために、いろいろな　かたちの　かざりを　つくりましょう。
下の　えの　かたちには　へんと　かどが　いくつ　ありますか?

5

へんと　かどの　かずを　□の　中に　かきましょう。

1)

へんの　かず　□

かどの　かず　□

2)

へんの　かず　□

かどの　かず　□

3)

へんの　かず　□

かどの　かず　□

4)

へんの　かず　□

かどの　かず　□

5)

へんの　かず　□

かどの　かず　□

6)

へんの　かず　□

かどの　かず　□

手に入れた　かずの
エメラルドを　いろで　ぬろう!

つみきの　かたち

マックスは　あたらしい　ものを　はつめいするのが　だいすき！
つぎに　どんな　たのしい　ものを　つくるか　かんがえています。

それぞれの　つみきの　かたちの　なまえを　□の　なか　から　えらんで　かきましょう。

1) 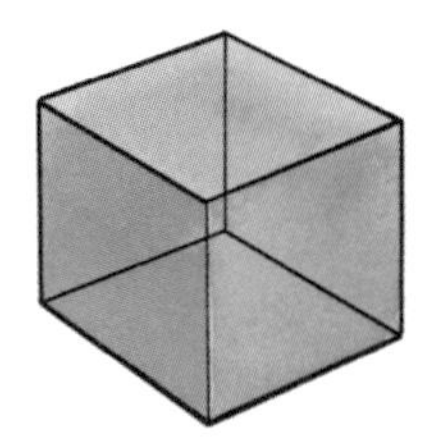

2) 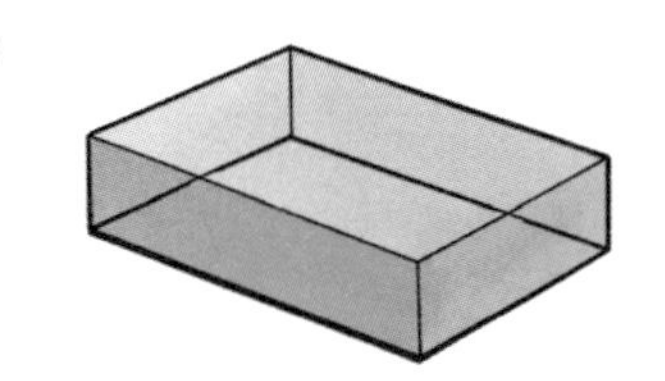

3) 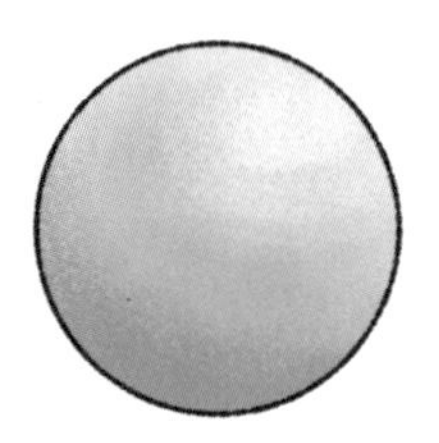

ボール	ながしかくのはこ	サイコロのかたち

1) ……………………

2) ……………………

3) ……………………

また　あたらしい　つみきを　見つけました。
なんていう　なまえの　つみき　でしょうか？

それぞれの　かたちの　なまえを　えと　せんで　つなぎましょう。

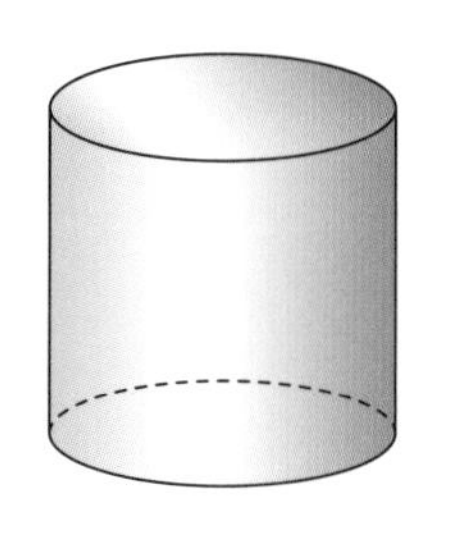

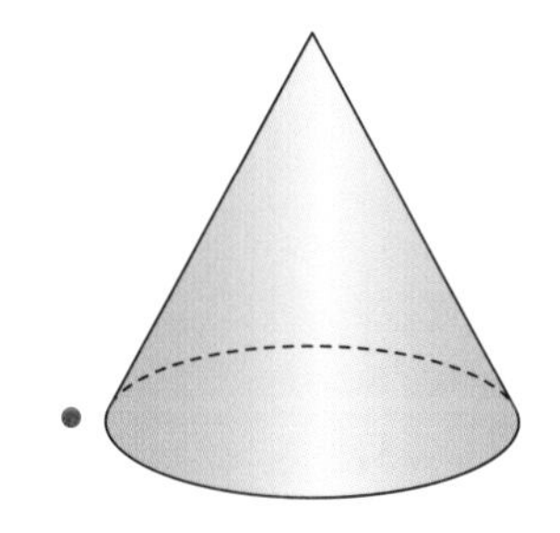

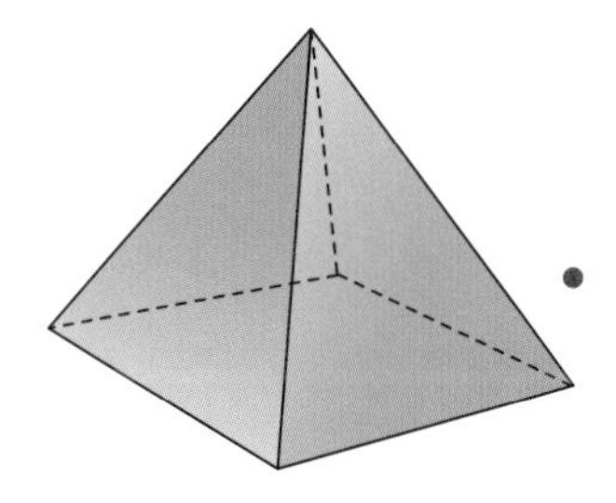

アイスの　コーンの　かたち
つつの　かたち
ピラミッドの　かたち
さんかくの　やねの　かたち

マックスと　エリーが　ゲームを　しています。いえの　まわりに　ある
つみきの　かたちに　にたものを　さがす　ゲームです。

 下の　4この　えを　みてください。どんな　つみきの　かたちに　にているでしょうか？
右の　□の中から　あてはまるものを　えらんで　かきましょう。

1) 

……………………

2) 

……………………

3) 

……………………

4) 

……………………

ながしかくのはこ
サイコロ
ボール
さかさのピラミッド

手に入れた　かずの
エメラルドを　いろで　ぬろう！

いろいろな かたち

てつの けんは すこし たよりない ので
マックスは そろそろ あたらしい ぶきを つくりたいと おもっています。
つくるのは、あこがれの ダイヤモンドの けん！

1

けんの えを 見(み)てください。どんな かたちが 入(はい)って いますか?
けんに つかわれている かたち ぜんぶの□に ○を つけましょう。

ましかく □

まる □

ながしかく □

さんかく □

ろくかっけい □

けん

マックスは　エリーに　ダイヤモンドを　さがしに　いこうと　いいました。
すると　エリーは　ダイヤモンドを　1こ　マックスに　さしだしました。
なんと　エリーは　すでにジャングルの村で　見つけて　いたのです！
これには　マックスも　びっくり！

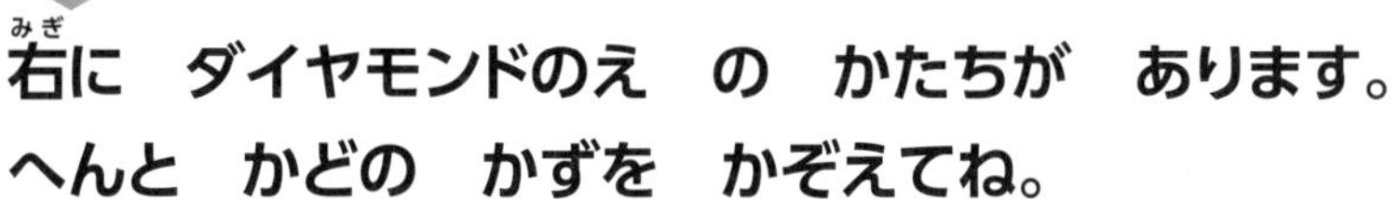

右に　ダイヤモンドのえ　の　かたちが　あります。
へんと　かどの　かずを　かぞえてね。

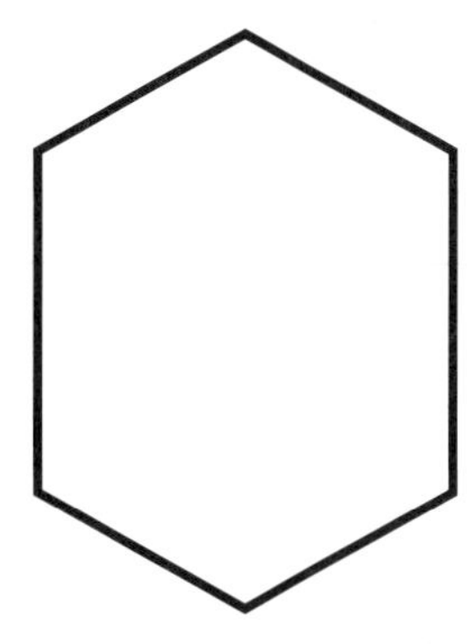

へん　□

かど　□

マックスは　エリーに、　もっと　たくさん　ダイヤモンドが　見つかるまで
だいじに　とっておくと　やくそくしました。
マックスは　ダイヤモンドを　しまい、チェストの　中の　ほかの　そざいを　見ました。

下の　4この　え　の　かたちは　なにに　にていますか?　せんで　むすびましょう。

はこ

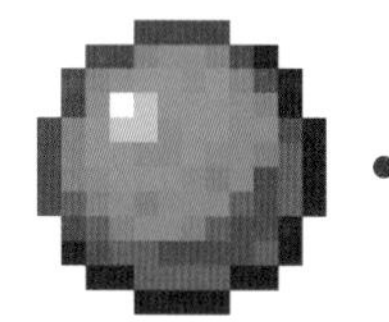

ボール

手に入れた　かずの
エメラルドを　いろで　ぬろう!

いちの　あらわしかた

マックスと　エリーは　これまで　じぶんたちが　やってきた　ことに　だいまんぞく。
これが　いえの　いちばん　大きな　へや！　すてきな　ものが　たくさん　あります。
ゆかの　まんなかに　赤ちゃいろの　かこうがんが　しきつめられ、
その　あいだに　白と　くろの　じゅうたんが　しいて　あります。

下の　えを　見て、1～4の　しつもんに　こたえましょう。

1

上の　えの　正しい　いちに　アイテムを　かきましょう。

1）まどの　ちかくに　お花を　かきましょう。

2）青い　ベッドの　まえに　チェストを　かきましょう。

3）かべに　がくぶち入りの　えを　かきましょう。

2

まえの　ページの　えを　見てかんがえましょう。下の□の　中から　正しい　ことばを　えらんで、それぞれの　文を　かんせいさせましょう。

チェスト　　とびら　　じゅうたん

1) ………… は　本だなの　上に　ある。

2) ………… は　かこうがんの　ゆかの　あいだに　ある。

3

まえの　ページの　えを　見て　つぎの　しつもんに　こたえましょう。

1) 青い　ベッドの　上、まどと　とけいの　あいだには　なにが　ありますか?

…………………………

2) じゅうたんの　しかくい　もようは　なにいろと　なにいろですか?

…………………………

3) 右の　まどの　そとを　見てください。なにが　見えますか?

…………………………

赤い　ベッドは　どこに　ありますか?　ことばで　せつめいして　みましょう。

…………………………

…………………………

まわって　みると

あたらしい　かぐを　どこに　おいたら　よいか、
エリーと　いっしょに　かんがえて　みましょう。

下(した)の　えを　見(み)て、1～3の　しつもんに　こたえましょう。

エリーが　へやの　中(なか)に　立(た)っています。

1) エリーが　むいている　ほうこうには　なにが　ありますか？ ……………………

2) エリーの　うしろには　なにが　ありますか？ ……………………

3) 下(した)の　文(ぶん)を　あなうめ　しましょう。

さぎょうだいは　へやの　………… にある。

下の　文を　あなうめ　しましょう。

1) エリーは　ベッドの　ほうこうを　むいています。
エリーは　1かいてん　しました。

いまは ………………… の　ほうこうを　むいています。

2) エリーは　ベッドの　ほうこうを　むいています。
エリーは　$\frac{1}{2}$　かいてん　しました。

いまは ………………… の　ほうこうを　むいています。

3) エリーは　ベッドの　ほうこうを　むいています。
エリーは　とけいの　はりが　まわる　ほうこうに　$\frac{1}{4}$　かいてん　しました。

いまは ………………… の　ほうこうを　むいています。

4) エリーは　ベッドの　ほうこうを　むいています。
エリーは　とけいの　はりとは　はんたいむきに　$\frac{1}{4}$　かいてん　しました。

いまは ………………… の　ほうこうを　むいています。

エリーは　さぎょうだいの　ほうこうを　むいています。
エリーは　$\frac{1}{2}$　かいてん　しました。さらに、右に　むかって　$\frac{1}{4}$　かいてん　しました。

いま、エリーの　むいている　ほうこうには　なにが　あるかな? …………………

手に入れた　かずの
エメラルドを　いろで　ぬろう!

右、左、まえ、うしろ

下の　マスは　マックスの　いえの　中の　ようすを　あらわして　います。
マックスが　いる　ばしょと　いろいろな　ものが　おいてある　ばしょを　よく　見てください。

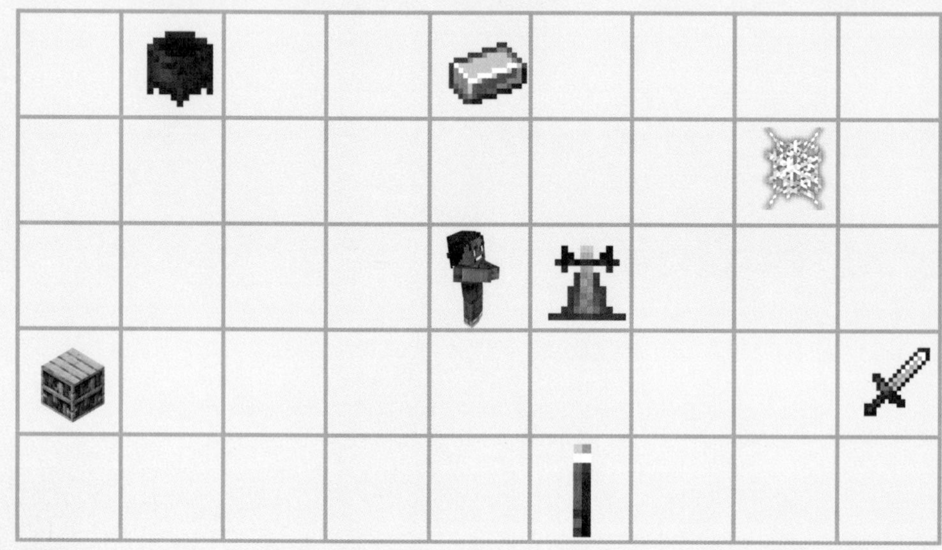

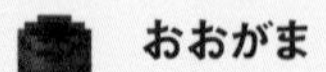
おおがま

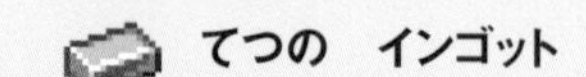
てつの　インゴット

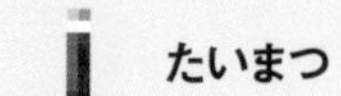
たいまつ

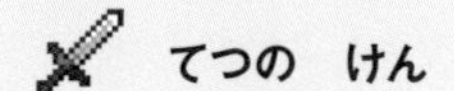
てつの　けん

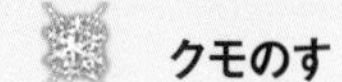
クモのす

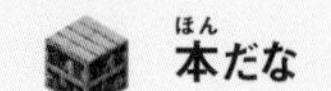
本だな

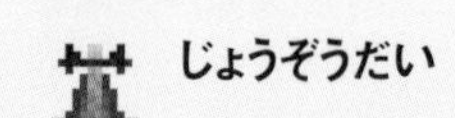
じょうぞうだい

1

マックスは　じょうぞうだいの　まえに　立っています。そこから　4マス　うしろに　下がります。

いま、マックスの　となりには　なにが　ありますか？ ……………………

2

マックスは　じょうぞうだいの　まえに　立っています。マックスは　右を　むき、
2マス　まえに　すすみます。それから　左を　むきます。

いま、マックスの　しょうめんには　なにが　ありますか？ ……………………

3

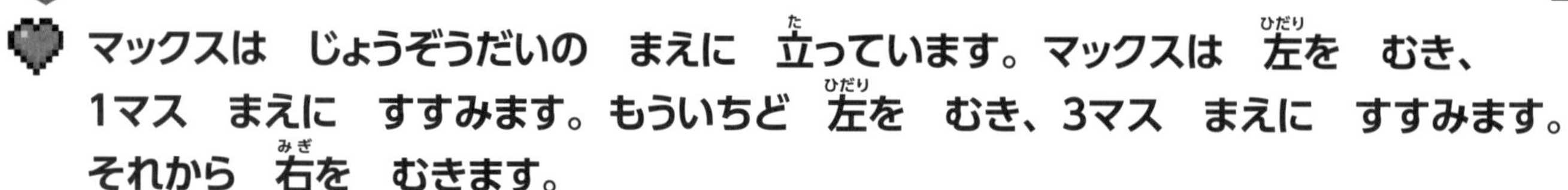

マックスは　じょうぞうだいの　まえに　立っています。マックスは　左を　むき、
1マス　まえに　すすみます。もういちど　左を　むき、3マス　まえに　すすみます。
それから　右を　むきます。

いま、マックスの　しょうめんには　なにが　ありますか？ ……………………

手に入れた　かずの
エメラルドを　いろで　ぬろう！

ぼうけんを　おえて……

しあわせな　おうち

マックスと　エリーは　これまでの　すばらしい　ぼうけんに　だいまんぞく！　もう　りっぱな　ぼうけんしゃ　ですね！　2人は　あたらしい　いえで　おいしい　ケーキをたべて、とっても　しあわせです。

あれは　なんの　音？

そとから、なにやら　へんな　音が　きこえてきます。どうぶつたちも　こわがって　います。マックスと　エリーは　はしって、げんかんの　とびらを　いきおいよく　あけました。よるの　くらやみの　中、見えるのは　かげ　だけです。2人は　けんを　ぬきました。

ピリジャーだ！

かげが　フェンスの　あかりの　ほうに　ちかづいてきます。　やってきたのは　ゾンビでは　ありませんでした。スケルトンでも　ありません。もっと　おそろしいもの。ピリジャー（とうぞく）たちです！　ピリジャーは　クロスボウを　もち、かんかんに　なって、とびはねています。

2人は　いえを　まもれるでしょうか？

マックスと　エリーは　あわてて　じゅんびを　すすめています。このたたかいが　どうなったか？　みんなで　そうぞう　して　みましょう！

こたえ

5ページ

❶ 4こ ［エメラルド　1こ］

❷

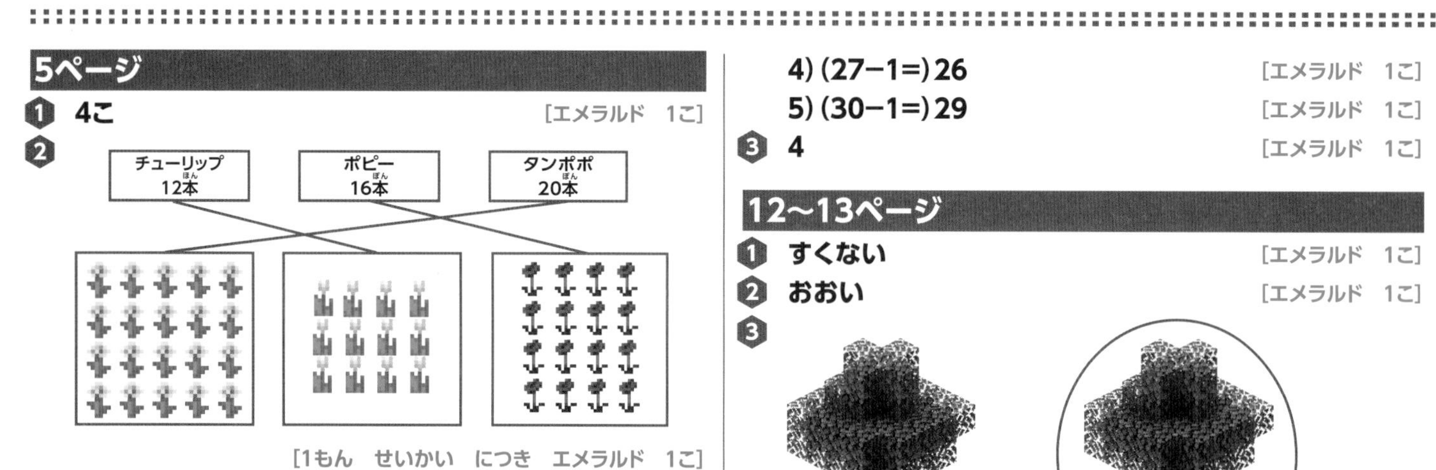

［1もん　せいかい　につき　エメラルド　1こ］

6～7ページ

❶ 11、24、36、45、50

［1もん　せいかい　につき　エメラルド　1こ］

❷ 1)26 ［エメラルド　1こ］
2)31 ［エメラルド　1こ］
3)33 ［エメラルド　1こ］

❸ 1)42 ［エメラルド　1こ］
2)39 ［エメラルド　1こ］
3)35 ［エメラルド　1こ］

8～9ページ

❶ 6 ［エメラルド　1こ］

❷ 15 ［エメラルド　1こ］

❸ 20 ［エメラルド　1こ］

❹

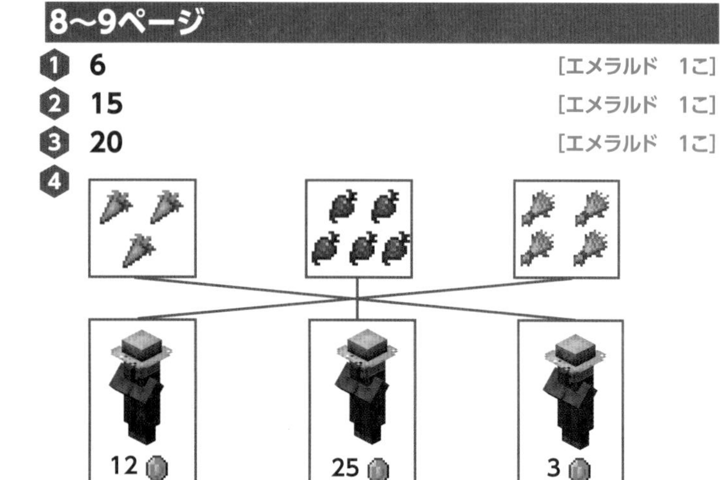

［1もん　せいかい　につき　エメラルド　1こ］

❺ 3つの　エメラルドに　○が　かいて　あれば　せいかい

［エメラルド　1こ］

10～11ページ

❶ 1)(8+1=)9 ［エメラルド　1こ］
2)(14+1=)15 ［エメラルド　1こ］
3)(17+1=)18 ［エメラルド　1こ］
4)(22+1=)23 ［エメラルド　1こ］
5)(29+1=)30 ［エメラルド　1こ］

❷ 1)(5−1=)4 ［エメラルド　1こ］
2)(10−1=)9 ［エメラルド　1こ］
3)(16−1=)15 ［エメラルド　1こ］
4)(27−1=)26 ［エメラルド　1こ］
5)(30−1=)29 ［エメラルド　1こ］

❸ 4 ［エメラルド　1こ］

12～13ページ

❶ すくない ［エメラルド　1こ］

❷ おおい ［エメラルド　1こ］

❸

［エメラルド　1こ］

❹ 1)おなじ ［エメラルド　1こ］
2)右に　○が　せいかい ［エメラルド　1こ］
3)左に　○が　せいかい ［エメラルド　1こ］

14ページ

❶

10　19　13

［1もん　せいかい　につき　エメラルド　1こ］

❷ 14 ［エメラルド　1こ］
12 ［エメラルド　1こ］

17ページ

❶ 赤い　キノコが　4こ　かいて　あれば　せいかい

［エメラルド　1こ］

❷ 1)8 ［エメラルド　1こ］
2)8 ［エメラルド　1こ］

❸ 6この　木ざいに　×が　ついていれば　せいかい

［エメラルド　1こ］

❹ 1)6 ［エメラルド　1こ］
2)6 ［エメラルド　1こ］

18～19ページ

❶ 9 ［エメラルド　1こ］

❷ 20 ［エメラルド　1こ］

❸ 10 [エメラルド 1こ]
❹ 2 [エメラルド 1こ]

20～21ページ

❶ 8この インゴットに ×が ついていて、□の 中の かずが 10なら せいかい [1もん せいかい につき エメラルド 1こ]
❷ 4たいの スケルトンが かいて あって、□の 中が 12なら せいかい [1もん せいかい につき エメラルド 1こ]
❸ 16に ○が かいて あれば せいかい [エメラルド 1こ]
❹ つぎの □どうしが せんで むすんであれば せいかい
エリーは 石たんを 5こ つかいました。のこっている 石たんは なんこ? 15こ [エメラルド 1こ]
エリーは 石たんを 12こ つかいました。のこっている 石たんは なんこ? 8こ [エメラルド 1こ]
エリーは 石たんを 15こ つかいました。のこっている 石たんは なんこ? 5こ [エメラルド 1こ]

22ページ

❶ 1)2 [エメラルド 1こ]
2)4 [エメラルド 1こ]
❷ 1)9 [エメラルド 1こ]

25ページ

❶ 8 [エメラルド 1こ]
❷ 6 [エメラルド 1こ]
❸ 10 [エメラルド 1こ]

26～27ページ

❶ クモのす 2こずつが ○で かこんで あれば せいかい(○は ぜんぶで 5こ) [エメラルド 1こ]
❷ 右がわの □に ○が ついて いれば せいかい [エメラルド 1こ]
❸ それぞれの あなに クモのすが 3こずつ かいて あれば せいかい [エメラルド 1こ]
❹ 4 [エメラルド 1こ]

28～29ページ

❶ 6 [エメラルド 1こ]
❷ 30 [エメラルド 1こ]
❸ 40 [エメラルド 1こ]
❹ 1)2 [エメラルド 1こ]
2)4 [エメラルド 1こ]
3)5 [エメラルド 1こ]
❺ 1)10 [エメラルド 1こ]
2)50 [エメラルド 1こ]
3)20 [エメラルド 1こ]

30～31ページ

❶ 4 [エメラルド 1こ]
❷ ブタにく 4こ に ○が せいかい [エメラルド 1こ]
❸ 5ダメージ×4かい=20ダメージ [エメラルド 1こ]
❹ 9たいに ○が せいかい [エメラルド 1こ]

32～33ページ

❶ $\frac{1}{4}$ [エメラルド 1こ]
❷ はんぶんに ○が せいかい [エメラルド 1こ]
❸ $\frac{1}{4}$ [エメラルド 1こ]
❹ 1)$\frac{1}{4}$ [エメラルド 1こ]
2)$\frac{1}{2}$ [エメラルド 1こ]
3)$\frac{1}{3}$ [エメラルド 1こ]

34ページ

❶ どれでも いいので カボチャ 4こに ○が かいて あれば せいかい [エメラルド 1こ]
4 [エメラルド 1こ]
❷ どれでも いいので カボチャ 2こに ○が かいて あれば せいかい [エメラルド 1こ]
2 [エメラルド 1こ]

37ページ

❶ (2)の 木に ○が かいて あれば せいかい [エメラルド 1こ]
❷ (1):14 [エメラルド 1こ]
(2):18 [エメラルド 1こ]

38～39ページ

❶ 1)おもい [エメラルド 1こ]
2)かるい [エメラルド 1こ]
❷ 1)バケツ 3こに ○が かいて あれば せいかい [エメラルド 1こ]
2)バケツ、バケツ1こ、かさ [1もん せいかい につき エメラルド 1こ]
❸ 1)6 [エメラルド 1こ]
2)2 [エメラルド 1こ]
❹ 1)つぎの ように せんで むすんで あれば せいかい
まんたん→2 [エメラルド 1こ]
からっぽ→4 [エメラルド 1こ]
はんぶん→3 [エメラルド 1こ]
$\frac{1}{4}$→1 [エメラルド 1こ]
2)おおい、すくない [1もん せいかい につき エメラルド 1こ]

40～41ページ

❶

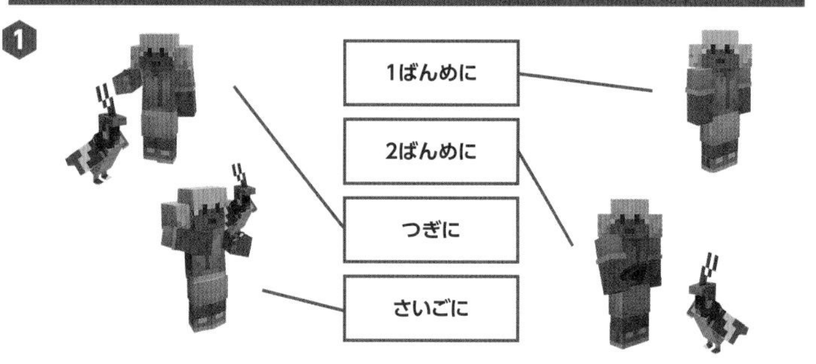

[1もん　せいかい　につき　エメラルド　1こ]

❷ あさ、おひる、よる、あした

[1もん　せいかい　につき　エメラルド　1こ]

❸ 左うえ　から　右の　じゅんで、つぎの　じこくに　○が　かいて　あれば　せいかい

2じ　[エメラルド　1こ]
7じ　[エメラルド　1こ]
5じはん　[エメラルド　1こ]
9じはん　[エメラルド　1こ]

❹

[エメラルド　1こ]

[エメラルド　1こ]

42ページ

❶ 1円　5まい
10円　4まい
100円　3まい　[1もん　せいかい　につき　エメラルド　1こ]

❷ 1)5円　[エメラルド1こ]
2)50円　[エメラルド1こ]
3)1円　[エメラルド1こ]
4)100円　[エメラルド1こ]
5)500円　[エメラルド1こ]
6)1000円　[エメラルド1こ]
7)5000円　[エメラルド1こ]

45～47ページ

❶

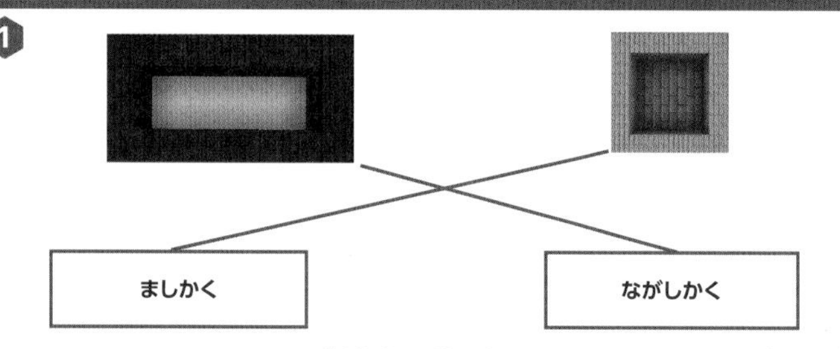

[1もん　せいかい　につき　エメラルド　1こ]

❷ 1)さんかく　[エメラルド　1こ]
2)まる　[エメラルド　1こ]

❸ 1)5　[エメラルド　1こ]
2)4　[エメラルド　1こ]
3)2　[エメラルド　1こ]

❹

[見つけた　まる　1こに　つき、エメラルド　1こ。見つけた　はんぶんの　まる　1こに　つき、エメラルド　1こ。]

❺ 1)へん:1　かど:0　[エメラルド　1こ]
2)へん:3　かど:3　[エメラルド　1こ]
3)へん:4　かど:4　[エメラルド　1こ]
4)へん:4　かど:4　[エメラルド　1こ]
5)へん:6　かど:6　[エメラルド　1こ]
6)へん:8　かど:8　[エメラルド　1こ]

48～49ページ

❶ 1)サイコロの　かたち　[エメラルド　1こ]
2)ながしかくのはこ　[エメラルド　1こ]
3)ボール　[エメラルド　1こ]

❷

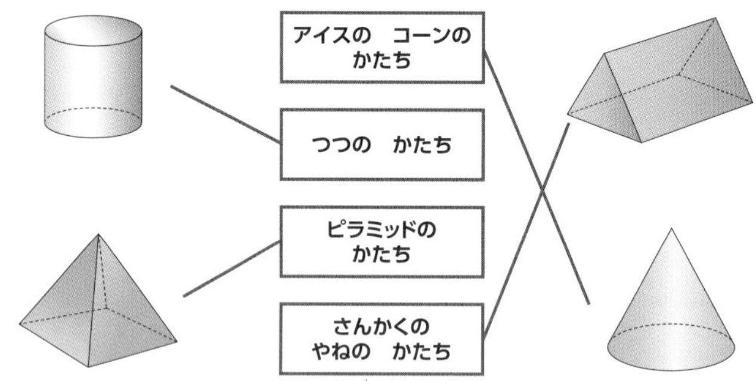

[1もん　せいかい　につき　エメラルド　1こ]

❸ 1)ながしかくのはこ　[エメラルド　1こ]
2)さかさのピラミッド　[エメラルド　1こ]
3)サイコロ　[エメラルド　1こ]
4)ボール　[エメラルド　1こ]

50～51ページ

❶ つぎの　□に　○が　かいて　あれば　せいかい
ましかく、ながしかく、さんかく

[1もん　せいかい　につき　エメラルド　1こ]

❷ へん:6　[エメラルド　1こ]
かど:6　[エメラルド　1こ]

❸

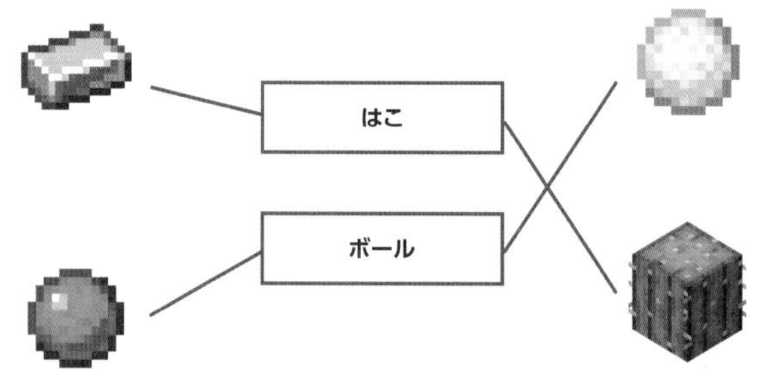

[1もん　せいかい　につき　エメラルド　1こ]

52～53ページ

❶ 1)まどの　ちかくに　お花(はな)が　かいて　あれば　せいかい　[エメラルド　1こ]
2)チェストが　青(あお)い　ベッドの　まえに　かいてあれば　せいかい　[エメラルド　1こ]
3)かべの　どこか(どこでも)に　がくぶちいりの　えが　かいて　あれば　せいかい　[エメラルド　1こ]

❷ 1)チェスト　[エメラルド　1こ]
2)じゅうたん　[エメラルド　1こ]

❸ 1)たいまつ　[エメラルド　1こ]
2)くろ　と　白(しろ)　[エメラルド　1こ]
3)ふさわしい　こたえなら　なんでも　せいかい　れい:フェンス、にわ、くさ　[エメラルド　1こ]

❹ ふさわしい　こたえなら　なんでも　せいかい　れい:赤(あか)い　ベッドは、さぎょうだいと　本(ほん)だなの　あいだに　ある。　[エメラルド　1こ]

54～55ページ

❶ 1)ベッド　[エメラルド　1こ]
2)とびら　[エメラルド　1こ]
3)まんなか(もしくは　ちゅうおう)　[エメラルド　1こ]

❷ 1)ベッド　[エメラルド　1こ]
2)とびら　[エメラルド　1こ]
3)さぎょうだい　[エメラルド　1こ]
4)はしご　[エメラルド　1こ]

❸ ベッド　[エメラルド　1こ]

56ページ

❶ 本(ほん)だな　[エメラルド　1こ]
❷ たいまつ　[エメラルド　1こ]
❸ おおがま　[エメラルド　1こ]

エメラルドを　こうかんしよう!

きみの　おかげで　マックスと　エリーの　ぼうけんは　だいせいこうです!
もんだいに　せいかいして　エメラルドを　たくさん　もらえましたか?
あつめた　エメラルドを　このページの　おみせで　アイテムと　こうかんしましょう!
きみは　これから　よるの　ぼうけんに　出かけます。
だから　つよい　モンスターと　たたかわなくては　ならない　かもしれません。
さあ、どの　アイテムで　たたかいに　そなえますか?
おうちの　人に　てつだって　もらって、
あつめた　エメラルドの　かずを　□の　なかに　かきましょう!

いらっしゃい。

おみせの　しょうひん

- ダイヤモンドのよろい：エメラルド30こ
- ダイヤモンドのかぶと：エメラルド20こ
- ダイヤモンドのレギンス：エメラルド25こ
- ダイヤモンドのけん：エメラルド25こ
- ダイヤモンドのツルハシ：エメラルド20こ
- クロスボウ：エメラルド15こ
- すいじゃくのや：エメラルド10こ
- はなび：エメラルド5こ
- 金のリンゴ：エメラルド10こ
- やきジャケ：エメラルド10こ
- ビートルートのスープ：エメラルド10こ
- エンチャントの本：エメラルド15こ
- さいせいのポーション：エメラルド30こ
- とうめいかのポーション：エメラルド35こ
- 力のポーション：エメラルド35こ

※「マインクラフト」のゲーム内で、アイテムがもらえるということではございませんので、ご了承ください。

おめでとう！
よく　がんばりましたね。
あつめた　エメラルドは
ぜんぶ　つかわずに
たいせつに　ためるのも
いいですね。
ちょきんも
だいじ
だから
ね！

【監修】夏坂哲志

筑波大学附属小学校副校長。青森県の公立小学校を経て、現職。筑波大学人間学群教育学類非常勤講師、全国算数授業研究会会長、日本数学教育学会常任幹事、学校図書教科書「小学校算数」執筆・編集委員、隔月刊誌「算数授業研究」編集委員。
『新しい発展学習の展開算数科小学校3〜4年』（小学館）ほか著書多数。

マインクラフト 公式ドリル

ステップ1 6-7才におすすめ

さんすう

［かず・ずけい・くうかん］

2022年10月18日　初版第1刷発行
2023年 5月30日　　　第5刷発行

発行人／野村敦司
発行所／株式会社　小学館
〒101-8001　東京都千代田区一ツ橋2-3-1
編集：03-3230-5432　販売：03-5281-3555

印刷所／凸版印刷株式会社
製本所／株式会社 若林製本工場

［日本語版制作］
翻訳／Entalize
訳者／武藤陽生
DTP／株式会社 昭和ブライト
デザイン／安斎 秀（ベイブリッジ・スタジオ）

制作／後藤直之
販売／福島真実
宣伝／鈴木里彩
編集／飯塚洋介

Printed in Japan　ISBN978-4-09-253642-5